Knitting Symbol Book

一看即懂的
棒针编织符号

日本宝库社　编著

冯莹　译

河南科学技术出版社

·郑州·

目录

线的粗细及适宜的针号

线的粗细 / 针号

极细 /0、1 号

细 /1~3 号

中细 /3~5 号

粗 /4、5 号

中粗 /6~8 号

极粗 /9~15 号

超级粗 / 粗棒针

※ 照片为实物大小。

针目的形状及各部位名称

针目的形状 下针和上针的 1 针、1 行的针目的形状。

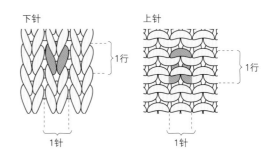

下针　　　　　上针

1行　　　　　1行

1针　　　　　1针

各部位的名称

上半弧

下半弧

挂在棒针上的称为上半弧，针目与针目之间的渡线称为下半弧。

编织花样的符号图的看法

大多数棒针作品都是按照由各种各样的针目组合而成的"编织花样"编织而成的，编织花样的信息集中在符号图中。

符号图显示的是从正面看到的针目的状态。从右向左编织时，按照符号图编织；从左向右编织时，下针编织上针、上针编织下针，请注意。

下面，就让我们来学习一下符号图的看法吧。

❶右端的一排数字用来标示行数，最下面的一排数字用来标示针数。这部分不是编织符号，不编织。

❷标示的是编织方向。

❸图中省略了的编织符号的凡例。空格的部分编织上针。

❹指定了编织起点的位置时，从该位置开始编织。

❺1 个花样的针数。这一行的编织方法是，先编织花样前的针目（身片 3 针、衣袖 1 针），之后重复 8 针 1 个花样。

❻1 个花样的行数。这几行的编织方法是，先起针并编织第 2 行，之后重复 6 行 1 个花样。符号图中的行数是从起针行开始算起的。

编织花样

❶

6
5 } 6行 1个花样

1 ←起针

❻

←起针

□ = 上针 ❸

8　5　1

8针 1个花样

衣袖 身片

编织起点 ❹

❺

❷

Knitting Symbol Book

基本针法

1

下针

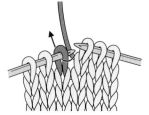 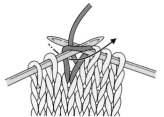 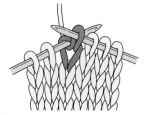 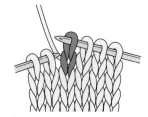

1 将线留在织片后,从前方插入右棒针。

2 挂线,按照箭头的方向拉出。

3 将针目从左棒针上退下。

4 下针完成。

— 上针

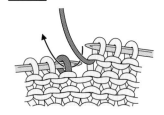 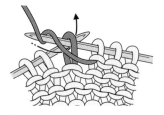  

1 将线留在织片前,按照箭头的方向从后方插入右棒针。

2 将线从前向后挂,按照箭头的方向拉出。

3 使用右棒针将线拉出后,将针目从左棒针上退下。

4 上针完成。

○ 挂针

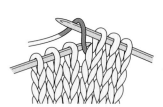  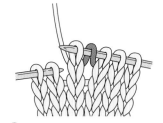 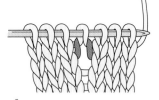

1 在右棒针上从前向后挂线。

2 编织下一针。

3 挂针完成。增加了1针。

4 图为编织完下一行后,从正面看到的样子。

Ⓠ 扭针

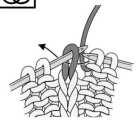 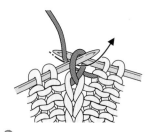  

1 按照箭头的方向,从后方插入右棒针。

2 挂线,按照箭头的方向拉出。

3 将针目从左棒针上退下。

4 扭针完成。下侧的针目扭了一下。

 上针的扭针

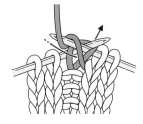

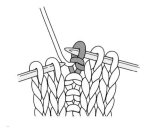

1 将线留在织片前，按照箭头的方向从后方插入右棒针。

2 挂线，按照箭头的方向拉出。

3 将针目从左棒针上退下。

4 上针的扭针完成。下侧的针目扭了一下。

这是最常用的起针方法。起好的边具有伸缩性，也比较薄，可以直接作为织片的边使用。

手指起针

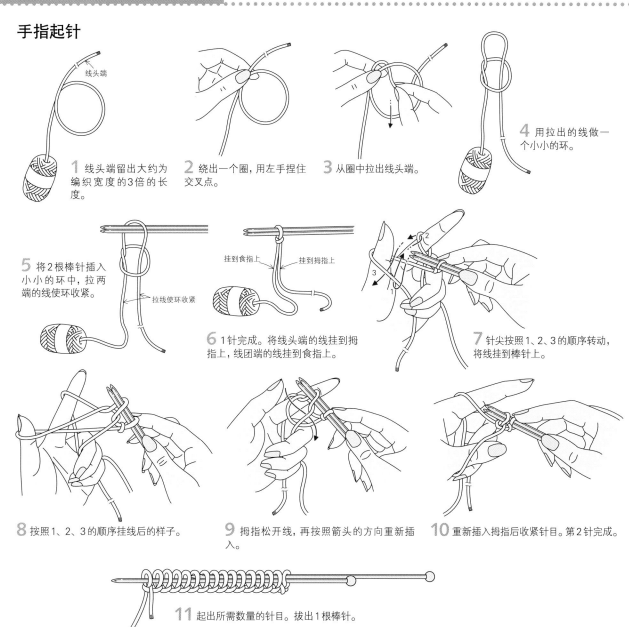

线头端

1 线头端留出大约为编织宽度的3倍的长度。

2 绕出一个圈，用左手捏住交叉点。

3 从圈中拉出线头端。

4 用拉出的线做一个小小的环。

5 将2根棒针插入小小的环中，拉两端的线使环收紧。

拉线使环收紧

挂到食指上　挂到拇指上

6 1针完成。将线头端的线挂到拇指上，线团端的线挂到食指上。

7 针尖按照1、2、3的顺序转动，将线挂到棒针上。

8 按照1、2、3的顺序挂线后的样子。

9 拇指松开线，再按照箭头的方向重新插入。

10 重新插入拇指后收紧针目。第2针完成。

11 起出所需数量的针目。拔出1根棒针。

另线锁针起针

毛衣的下摆、袖口等,最后需要反方向编织时,使用钩针起针。
另线锁针在编织完后要拆开并挑取针目,所以使用与实际编织不同的线钩织。
推荐使用夏纱等不会残留纤维、比较顺滑的线。

● 钩织另线锁针

1 钩针放在线的后方,按照箭头的方向绕一圈。 　　2 捏住交叉的位置,在钩针上挂线。 用拇指和中指捏住 　　3 将挂上的线从环中拉出。

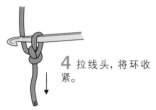

4 拉线头,将环收紧。

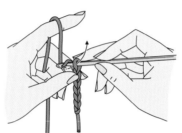

5 重复在钩针上挂线、拉出。

6 最后再一次挂线并引拔。

※ 由于以后要拆开,所以起针时多钩几针备用。

● 挑取另线锁针的里山 ※用实际编织的线挑针。

正面　　　　　　　　　　　反面　　　里山
编织起点　　　　　　　编织终点

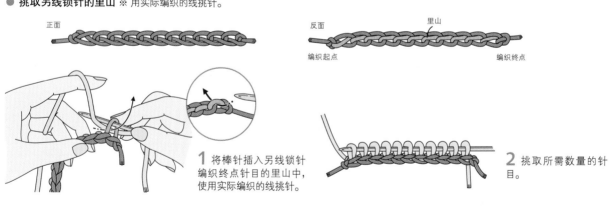

1 将棒针插入另线锁针编织终点针目的里山中,使用实际编织的线挑针。 　　2 挑取所需数量的针目。

共线锁针起针

使用实际编织的线钩织锁针,起针时不拆开锁针,直接当作织片的边使用。边上将排列着漂亮的锁针。

所需针数

1 使用钩针钩织出所需数量的针目,将最后一针移至棒针上。移动的针目为第1针。 　　2 将棒针插入第2个里山中,按照箭头的方向将线拉出。织片将出现直角。 　　3 从每一个里山中挑取1针。挑针的这一行算作第1行。

Knitting Symbol Book

并为1针的针目（减针）

右上 2 针并 1 针

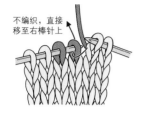

不编织，直接
移至右棒针上

1 将右棒针从前方插入右侧的针目中，不编织直接移动针目。

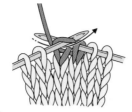

2 左侧的针目编织下针。

盖住

3 将左棒针插入直接移动的针目中，使其盖住编织的针目后，退出左棒针。

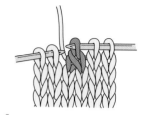

4 右上 2 针并 1 针完成。

 右上 2 针并 1 针（改变针目朝向的编织方法）

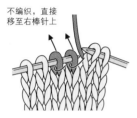

不编织，直接
移至右棒针上

1 将右棒针从前方依次插入 2 针中，不编织直接移动针目。

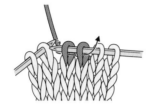

2 按照箭头的方向，将左棒针插入移动的 2 针中。

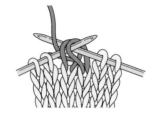

3 直接在右棒针上挂线、拉出。

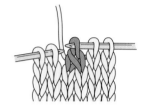

4 右上 2 针并 1 针（改变针目朝向的编织方法）完成。

 上针的右上 2 针并 1 针

交换位置
2　1

1 按照箭头的方向插入右棒针，移动针目。

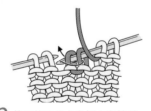

2 按照箭头的方向插入左棒针，移回针目。

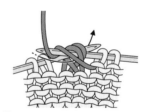

3 2 针一起编织上针。

4 上针的右上 2 针并 1 针完成。

交换针目的位置不是仅有一种方法。
可以尝试多种方法后，选择最顺手的方法编织。

 上针的右上 2 针并 1 针（另一种方法）

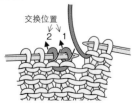

交换位置
2　1

1 按照箭头的方向插入右棒针，移动针目。

2 按照箭头的方向插入左棒针，移回针目。

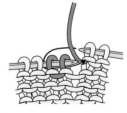

3 按照箭头的方向插入右棒针。

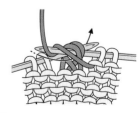

4 2 针一起编织上针。

左上2针并1针

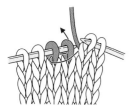 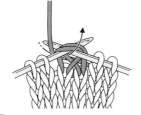 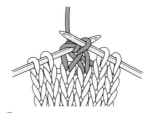 

1 按照箭头的方向，将右棒针从2针的左侧插入。

2 在针上挂线，拉出，2针一起编织下针。

3 用右棒针将线拉出后，将针目从左棒针上退下。

4 左上2针并1针完成。

上针的左上2针并1针

 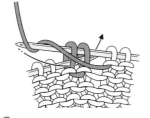  

1 按照箭头的方向，将右棒针从2针的右侧插入。

2 挂线后拉出，2针一起编织上针。

3 将线拉出后，将针目从左棒针上退下。

4 上针的左上2针并1针完成。

编织符号均是"➖"。
但需要配合下面的针目编织。

收针的方法　伏针

● **下针的伏针收针**（下针）

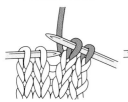    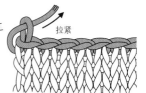

1 边上的2针编织下针。

2 使用左棒针挑起前一针盖住第2针。

3 伏针完成。

4 重复编织"1针下针、盖住"。

5 将线穿入最后一针中，拉紧。

● **上针的伏针收针**（上针）

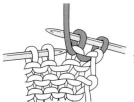 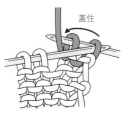 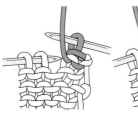 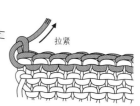

1 边上的2针编织上针。

2 使用左棒针挑起前一针盖住第2针。

3 上针的伏针完成。

4 重复编织"1针上针、盖住"。

5 将线穿入最后一针中，拉紧。

中上 3 针并 1 针

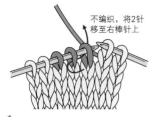 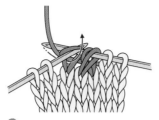 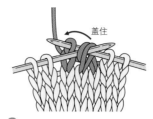 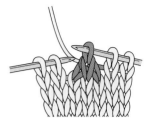

不编织，将2针移至右棒针上

盖住

1 按照箭头的方向将右棒针从左侧插入2针中，不编织直接移动针目。

2 将右棒针插入第3针中，挂线后拉出。

3 如图所示，盖住第3针。

4 中上3针并1针完成。

中上 3 针并 1 针（从反面编织）

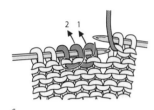 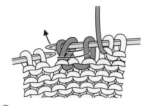 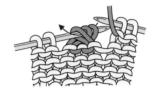 

1 将右棒针按照箭头的方向和1、2的顺序插入，不编织直接移动针目。

2 按照箭头的方向插入左棒针，移回针目。

3 按照箭头的方向插入右棒针。

4 3针一起编织上针。从正面看到的将是中上3针并1针。

上针的中上 3 针并 1 针 ※视频中演示了另一种编织方法。

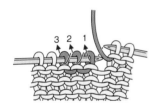 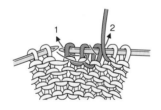  

1 按照1、2、3的顺序将右棒针按照箭头的方向依次插入（要注意1的箭头方向），不编织直接移动针目。

2 按照1、2的顺序，将左棒针按照箭头的方向插入，移回针目。

3 将右棒针按照箭头的方向一次插入3针中，编织上针。

4 上针的中上3针并1针完成。

上针的中上 3 针并 1 针（从反面编织）

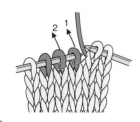 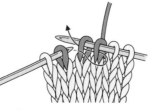  

1 按照1、2的顺序将右棒针按照箭头的方向插入，不编织直接移动针目。

2 按照箭头的方向插入左棒针，移回针目。

3 将右棒针按照箭头的方向一次插入3针中，编织下针。

4 从正面看到的将是上针的中上3针并1针。

⟋ 右上3针并1针

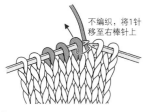

1 将右棒针从右侧第1针的前方插入，不编织直接移动针目。

2 从接下来的2针的左侧插入右棒针，一起编织下针。

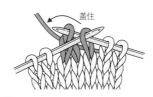

3 挑起直接移动的针目，盖住编织的针目。

4 右上3针并1针完成。

⟍ 上针的右上3针并1针

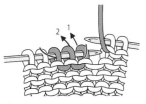

1 按照1、2的顺序和箭头的方向插入右棒针，使针目交换位置。

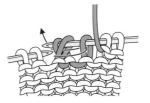

2 按照箭头的方向将左棒针从右侧一次插入3针中，移回针目。

3 将右棒针一次插入3针中，挂线后编织上针。

4 上针的右上3针并1针完成。

⟋ 左上3针并1针

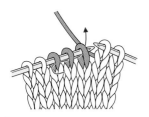

1 按照箭头的方向从3针的左侧一次插入右棒针。

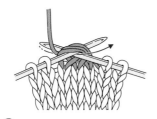

2 挂线后拉出，3针一起编织下针。

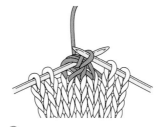

3 将线拉出后，将针目从左棒针上退下。

4 左上3针并1针完成。

⟋ 上针的左上3针并1针

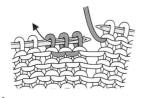

1 将线留在织片前，按照箭头的方向从3针的右侧插入右棒针。

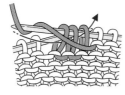

2 挂线后拉出，3针一起编织上针。

3 将线拉出后，将针目从左棒针上退下。

4 上针的左上3针并1针完成。

右上4针并1针

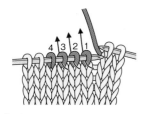 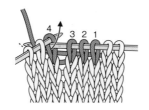 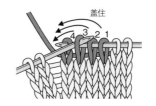 

1 按照1、2、3的顺序，将右棒针按照箭头的方向依次插入，不编织直接移动针目。

2 将右棒针插入第4针中，编织下针。

3 使用左棒针一针一针地依次挑起直接移至右棒针上的针目盖住编织的针目。

4 右上4针并1针完成。

 左上4针并1针

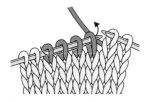   

1 按照箭头的方向将右棒针从4针的左侧插入。

2 挂线后按照箭头的方向拉出，4针一起编织下针。

3 将线拉出后，将针目从左棒针上退下。

4 左上4针并1针完成。

中上5针并1针

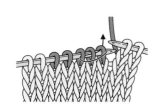 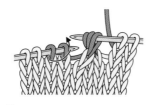 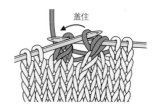 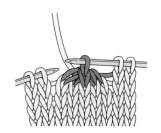

1 按照箭头的方向将右棒针从右侧3针的左侧插入，不编织直接移动针目。

2 按照箭头的方向将右棒针插入左侧的2针中，编织下针。

3 使用左棒针一针一针地依次挑起直接移至右棒针上的针目盖住编织的针目。

4 中上5针并1针完成。

 扭针的右上 2 针并 1 针

1 按照箭头的方向从后方入针，将右侧的针目移至右棒针上。

2 左侧的针目编织下针。

3 使用左棒针挑起移动的针目盖住编织的针目。

4 扭针的右上 2 针并 1 针完成。

 扭针的左上 2 针并 1 针

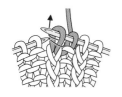

1 将 2 针直接移至右棒针上，按照箭头的方向将第 2 针移回左棒针上。

2 第 1 针直接移回左棒针上。再按照箭头的方向插入右棒针。

3 2 针一起编织下针。

4 扭针的左上 2 针并 1 针完成。

 扭针的右上 3 针并 1 针

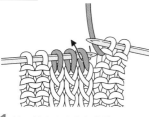

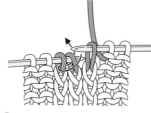

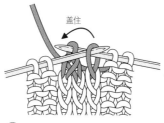

1 按照箭头的方向将右棒针从后方插入第 1 针中，将针目移到右棒针上。

2 将右棒针按照箭头的方向一次插入左侧 2 针中，编织下针。

3 用移动的针目盖住编织的针目。

4 扭针的右上 3 针并 1 针完成。

 扭针的左上 3 针并 1 针

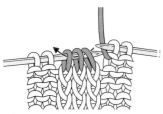

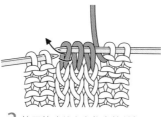

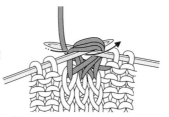

1 按照箭头的方向插入右棒针，不编织直接移动 3 针。

2 按照箭头的方向将左棒针插入第 3 针中，移回。剩余 2 针直接移回左棒针上。

3 3 针一起编织下针。

4 扭针的左上 3 针并 1 针完成。

扭针的中上 3 针并 1 针

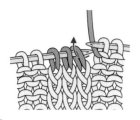

1 将第1针移至右棒针上。

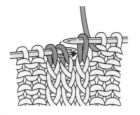

2 将右棒针按照箭头的方向插入第2针中，移动针目。

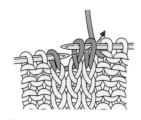

3 将2针移回左棒针上。

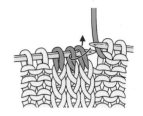

4 将右棒针按照箭头的方向插入右侧2针中，移动针目。

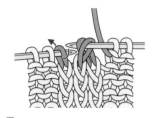

5 将右棒针插入第3针中。

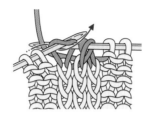

6 在右棒针上挂线并拉出。

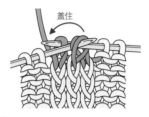

盖住

7 用左棒针挑起右侧的2针，盖住第3针。

8 扭针的中上3针并1针完成。

如果理解了镂空花样的结构，
就可以将组合变得无限多。

镂空花样的规则

使用到目前为止介绍过的针法，可以编织出规则地排列着小洞洞的"镂空花样"。
在编织下面的花样时，时而需要加针，时而需要减针，第一次挑战的人，可能会有一些迷茫。
那么我们就一同来看看它的结构吧。

● 镂空花样的符号图（例）

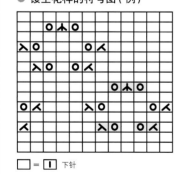

☐ = ｜ 下针

加针的挂针和减针的2针并1针等针目，一定是成组出现的。虽然在编织的过程中时加时减，但针目总数不会变。

| ☐O☐ | | 加针的编织方法→编织1针则增加1针 |

| ☐入☐ | | |
| ☐人☐ | | 2针并1针→减1针的编织方法 |

| ☐木☐ | | 3针并1针→减2针的编织方法 |

编织时的注意事项

一不注意忘记了挂针或减针的话，就会出现"发现的时候针数不对了！"的情况。在没有熟练之前，在编织的同时还是要常常确认一下针数为好。

Knitting Symbol Book

从1针中放出针目（加针）

右加针

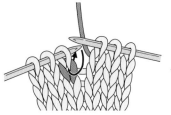 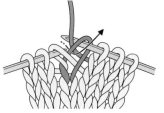 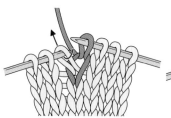 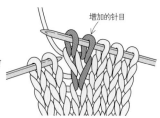

增加的针目

1 按照箭头的方向,将右棒针插入加针的前2行的位置,挑起针目。

2 在右棒针上挂线,拉出。

3 按照箭头的方向,将右棒针插入左棒针上的针目中,编织下针。

4 右加针完成。

左加针

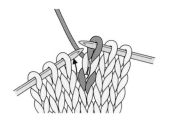 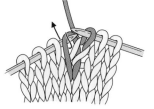 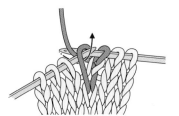 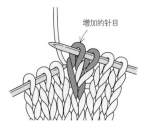

增加的针目

1 编织1针下针,按照箭头的方向,将右棒针插入前2行的针目中,挑起。

2 保持针目的朝向不变,移至左棒针上,按照箭头的方向插入右棒针。

3 在右棒针上挂线,拉出。

4 左加针完成。

上针的右加针

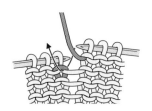 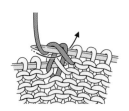 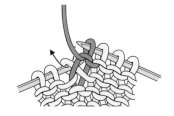 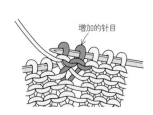

增加的针目

1 线留在织片前,用右棒针挑起加针的前2行的针目。

2 在右棒针上挂线,拉出。

3 按照箭头的方向将右棒针插入左棒针上的针目中,编织上针。

4 上针的右加针完成。

上针的左加针

 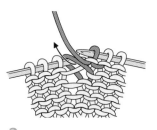 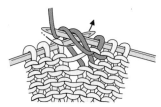 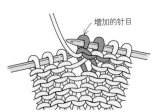

增加的针目

1 编织1针上针,按照箭头的方向,将左棒针插入前2行的针目中,挑起。

2 按照箭头的方向插入右棒针。

3 编织上针。

4 上针的左加针完成。

⟨3⟩ = | ʼ | ○ | ʽ | 　1针放3针的加针

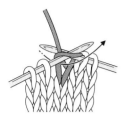

1 将右棒针插入针目中，挂线后拉出。

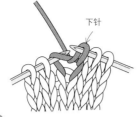

下针

2 不要将针目从左棒针上退下。

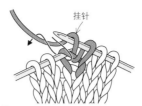

挂针

3 编织挂针，再将右棒针插入同一针目中，编织下针。

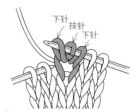

下针　挂针

4 1针放3针的加针完成。

⟨4⟩ = | ‒ | | | ‒ | | | 　1针放4针的加针

下针

1 编织下针，不要将针目从左棒针上退下，在同一针目中编织上针。

上针

2 将线放到织片后，再一次在同一针目中编织下针。

下针

3 这是编织出3针后的样子。按照同样的方法再编织1针上针。

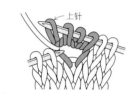

上针

4 1针放4针的加针完成。

⟨5⟩ = | | | ○ | | | ○ | | | 　1针放5针的加针

下针

1 将右棒针插入针目中，编织下针。

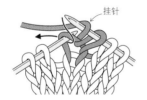

挂针

2 不要将针目从左棒针上退下，编织挂针，再在同一针目中编织下针。

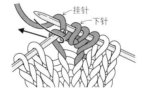

挂针　下针

3 再编织1针挂针和1针下针。

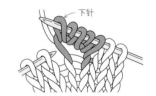

下针

4 1针放5针的加针完成。

⟨3⟩ = | ‒ | ○ | ‒ | 　上针的1针放3针的加针

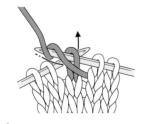

1 将线留在织片前，从后方插入右棒针，编织上针。

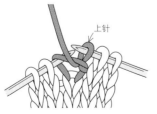

上针

2 不要将针目从左棒针上退下。

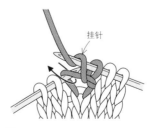

挂针

3 编织挂针。再在同一针目中编织上针。

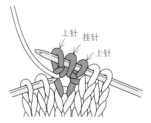

上针　挂针　上针

4 上针的1针放3针的加针完成。

1针放2针的加针

 下针的加针（右侧）

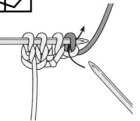 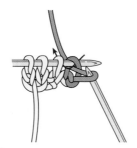 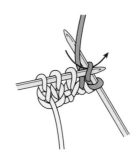 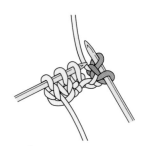

1 按照箭头的方向将右棒针插入右侧边上的针目中，挂线后拉出。

2 不要将针目从左棒针上退下，再次按照箭头的方向像编织扭针一样入针。

3 挂线后拉出。

4 在边上的1针中放出2针下针。

 下针的加针（左侧）

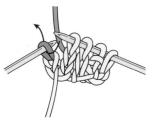   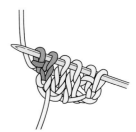

1 按照箭头的方向将右棒针插入左侧边上的针目中，挂线后拉出。

2 不要将针目从左棒针上退下，再次按照箭头的方向像编织扭针一样入针。

3 挂线后拉出。

4 在边上的1针中放出2针下针。

 上针的加针（右侧）

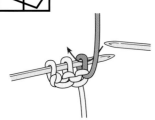 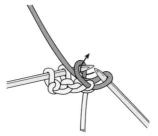 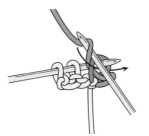 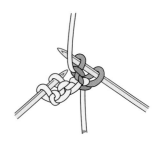

1 按照箭头的方向将右棒针插入右侧边上的针目中，编织上针。

2 不要将针目从左棒针上退下，再次按照箭头的方向像编织扭针一样入针。

3 挂线后拉出。

4 在边上的1针中放出2针上针。

 上针的加针（左侧）

 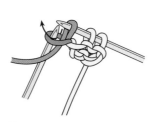 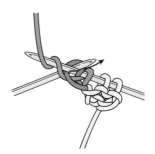 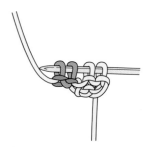

1 按照箭头的方向将右棒针插入左侧边上的针目中，编织上针。

2 不要将针目从左棒针上退下，再次按照箭头的方向像编织扭针一样入针。

3 挂线后拉出。

4 在边上的1针中放出2针上针。

4

Knitting Symbol Book

交叉编织的针目I（1针的交叉）

右上1针交叉 ※视频中还演示了其他的方法。

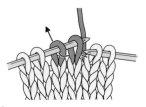

1 按照箭头的方向,将右棒针绕过右侧针目的后方,插入左侧的针目中。

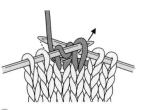

2 挂线后按照箭头的方向拉出,编织下针。

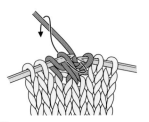

3 左侧的针目保持原样,按照箭头的方向将右棒针插入右侧的针目中,编织下针。

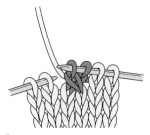

4 右上1针交叉完成。

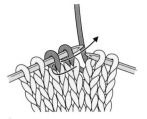 **左上1针交叉**

1 按照箭头的方向,将右棒针绕过右侧针目的前方,插入左侧的针目中。

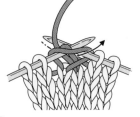

2 挂线后按照箭头的方向拉出,编织下针。

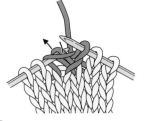

3 编织出的针目保持原样,按照箭头的方向将右棒针插入右侧的针目中,编织下针。

4 左上1针交叉完成。

右上1针交叉(下侧为上针)※视频中还演示了其他的方法。

1 将线留在织片前,按照箭头的方向,将右棒针绕过右侧针目的后方,插入左侧的针目中。

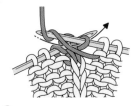

2 在右棒针上挂线,编织上针。

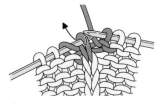

3 编织出的针目保持原样,按照箭头的方向将右棒针插入右侧的针目中,编织下针。

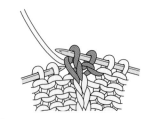

4 右上1针交叉(下侧为上针)完成。

左上1针交叉(下侧为上针)

1 按照箭头的方向,将右棒针绕过右侧针目的前方,插入左侧的针目中,编织下针。

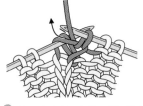

2 编织出的针目保持原样,按照箭头的方向将右棒针从后方插入右侧的针目中。

3 在右棒针上挂线,按照箭头的方向拉出,编织上针。

4 左上1针交叉(下侧为上针)完成。

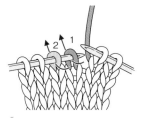 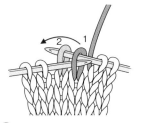 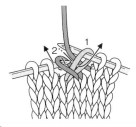 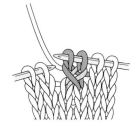

穿过右针的交叉（包着左针的交叉）

1 按照箭头的方向，将针目1、2移至右棒针上。

2 用左棒针挑起针目1，在盖住针目2的同时移回左棒针上。

3 在右棒针上挂线，按照1、2的顺序编织下针。

4 穿过右针的交叉（包着左针的交叉）完成。

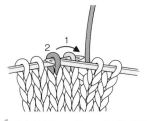 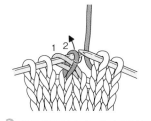 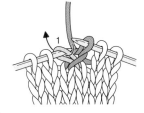 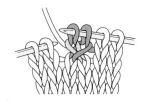

穿过左针的交叉（包着右针的交叉）

1 将右棒针插入针目2中，按照箭头的方向盖住针目1，改变针目的位置。

2 按照箭头的方向，将右棒针插入针目2中，编织下针。

3 将右棒针插入针目1中，编织下针。

4 穿过左针的交叉（包着右针的交叉）完成。

 右上为扭针的1针交叉 ※视频中还演示了其他的方法。

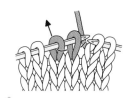 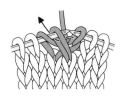 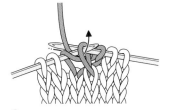 

1 将右棒针绕过右侧针目的后方，插入左侧的针目中，编织下针。

2 编织出的针目保持原样，按照箭头的方向将右棒针插入右侧的针目中。

3 在右棒针上挂线，编织下针。

4 右上为扭针的1针交叉完成。

 左上为扭针的1针交叉

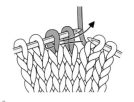 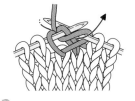 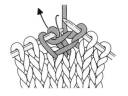 

1 按照箭头的方向，将右棒针绕过右侧针目的前方，插入左侧的针目中。

2 将针目拉出至右侧针目的右侧。在右棒针上挂线，按照箭头的方向将线拉出，编织下针。

3 编织出的针目保持原样，按照箭头的方向将右棒针插入右侧的针目中，编织下针。

4 左上为扭针的1针交叉完成。

右上为扭针的1针交叉（下侧为上针）※视频中还演示了其他的方法。

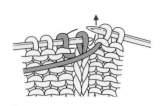 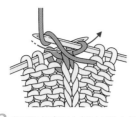 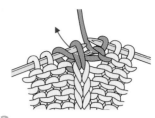 

1 按照箭头的方向将右棒针绕过右侧针目的后方，插入左侧的针目中。

2 将针目拉出至右侧针目的右侧。在右棒针上挂线，按照箭头的方向将线拉出，编织上针。

3 编织出的针目保持原样，按照箭头的方向将右棒针插入右侧的针目中，编织下针的扭针。

4 右上为扭针的1针交叉（下侧为上针）完成。

 **左上为扭针的1针交叉**（下侧为上针）

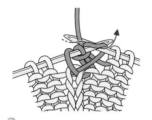  

1 按照箭头的方向将右棒针绕过右侧针目的前方，插入左侧的针目中，将针目拉出至右侧针目的右侧。

2 在右棒针上挂线，按照箭头的方向将线拉出，编织下针的扭针。

3 编织出的针目保持原样，按照箭头的方向将右棒针从后方插入右侧的针目中，编织上针。

4 左上为扭针的1针交叉（下侧为上针）完成。

 右上为扭针的1针交叉（2针均为扭针）

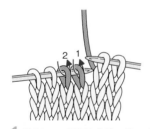 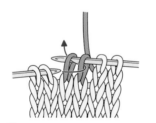 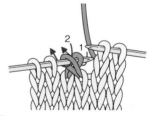 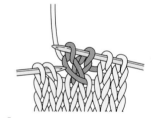

1 按照1、2的顺序将针目移至右棒针上。

2 按照箭头的方向，将左棒针从右侧插入，移回针目。

3 按照箭头的方向及1、2的顺序依次插入右棒针，编织下针的扭针。

4 右上为扭针的1针交叉（2针均为扭针）完成。

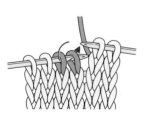 **左上为扭针的1针交叉**（2针均为扭针）

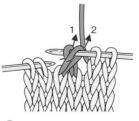 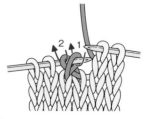 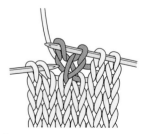

1 按照箭头的方向将右棒针插入2针中，移动针目。

2 按照1、2的顺序将针目移回左棒针上。

3 按照1、2的顺序依次插入右棒针，编织下针的扭针。

4 左上为扭针的1针交叉（2针均为扭针）完成。

右上1针交叉（中间织1针下针）（右上跳过1针的交叉）

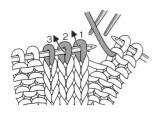

1 将针目1、2分别移至2根麻花针上。

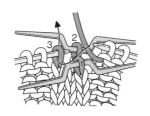

2 针目1留在织片前备用，针目2留在织片后备用。将右棒针插入针目3中。

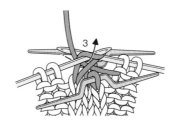

3 编织下针。

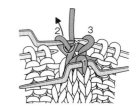

4 针目2编织下针。

5 针目1也编织下针。

6 右上1针交叉（中间织1针下针）（右上跳过1针的交叉）完成。

左上1针交叉（中间织1针下针）（左上跳过1针的交叉）

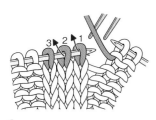

1 将针目1、2分别移至2根麻花针上。

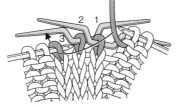

2 针目1、2均留在织片后备用。将右棒针插入针目3中。

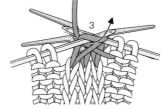

3 编织下针。

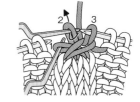

4 针目2在针目1的后方编织下针。

5 针目1也编织下针。

6 左上1针交叉（中间织1针下针）（左上跳过1针的交叉）完成。

 右上1针交叉（中间织1针上针）（右上跳过1针的交叉）

 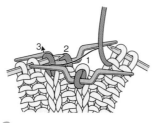  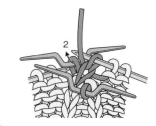

1 将针目1、2分别移至2根麻花针上。

2 针目1留在织片前、针目2留在织片后备用。

3 将右棒针插入针目3中，编织下针。

4 将右棒针从后方插入针目2中。

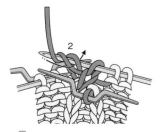  

5 编织上针。

6 将右棒针插入针目1中，编织下针。

7 右上1针交叉（中间织1针上针）（右上跳过1针的交叉）完成。

左上1针交叉（中间织1针上针）（左上跳过1针的交叉）

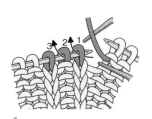 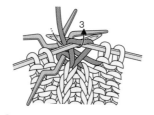 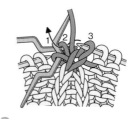 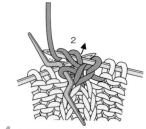

1 将针目1、2分别移至2根麻花针上。

2 针目1、2均留在织片后（针目1在前）备用。将右棒针插入针目3中，编织下针。

3 将右棒针从后方插入针目2中。

4 编织上针。

 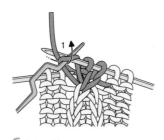 

5 将右棒针插入针目1中。

6 编织下针。

7 左上1针交叉（中间织1针上针）（左上跳过1针的交叉）完成。

右上为扭针的 1 针交叉（中间织 1 针上针）

 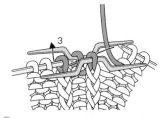  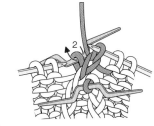

1 将针目1、2分别移至2根麻花针上。

2 针目1留在织片前、针目2留在织片后备用。按照箭头的方向将右棒针插入针目3中。

3 编织下针的扭针。

4 将右棒针从后方插入针目2中。

5 编织上针。按照箭头的方向，将右棒针插入针目1中。

6 编织下针的扭针。右上为扭针的1针交叉（中间织1针上针）完成。

左上为扭针的 1 针交叉（中间织 1 针上针）

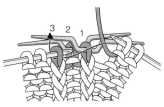 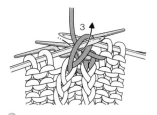  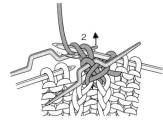

1 将针目1、2分别移至2根麻花针上，均留在织片后（针目1在前）备用。按照箭头的方向，将右棒针插入针目3中。

2 编织下针的扭针。

3 将针目2留在后方，针目1向左移动。将右棒针从后方插入针目2中。

4 编织上针。

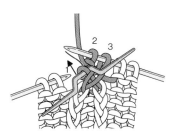 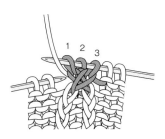

5 按照箭头的方向，将右棒针插入针目1中。

6 编织下针的扭针。左上为扭针的1针交叉（中间织1针上针）完成。

中上1针、左右1针交叉

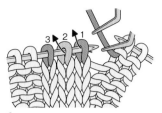

1 将针目1、2分别移至2根麻花针上。

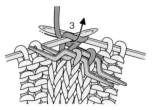

2 针目1、2均留在织片前备用。将右棒针插入针目3中,编织下针。

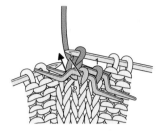

3 将针目2放在最前方,针目1向左移动。按照箭头的方向,将右棒针插入针目2中。

4 编织下针。

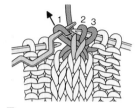

5 将右棒针插入针目1中。

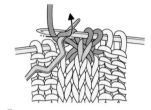

6 编织下针。

7 中上1针、左右1针交叉完成。

中上1针上针、左右1针交叉

1 将针目1、2分别移至2根麻花针上。

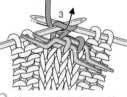

2 针目1、2均留在织片前备用。将右棒针插入针目3中,编织下针。

3 将针目2放在最前方,针目1向左移动。按照箭头的方向,将右棒针插入针目2中。

4 编织上针。

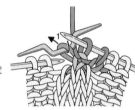

5 将右棒针插入针目1中,编织下针。中上1针上针、左右1针交叉完成。

右上为滑针的1针交叉

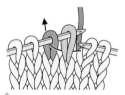

1 将右棒针绕过右侧针目的后方,并按照箭头的方向插入左侧的针目中。

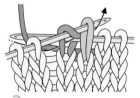

2 编织下针。

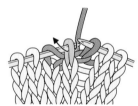

3 编织完的针目保持不动,按照箭头的方向将右棒针插入右侧的针目中,退出左棒针。

4 右上为滑针的1针交叉完成。

左上为滑针的1针交叉

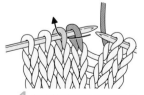

1 将右棒针绕过右侧针目的前方,并按照箭头的方向插入左侧的针目中。

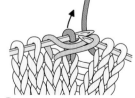

2 作为滑针,向右侧拉出,再将右棒针插入右侧的针目中。

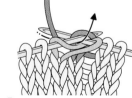

3 编织下针。

4 退出左棒针,左上为滑针的1针交叉完成。

Knitting Symbol Book

B

交叉编织的针目Ⅱ

右上 2 针与 1 针的交叉

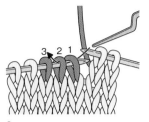

1 将右侧的 2 针移至麻花针上。

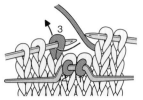

2 将移动的 2 针留在织片前备用。将右棒针插入针目 3 中。

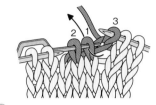

3 编织下针。针目 1、2 分别编织下针。

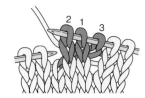

4 右上 2 针与 1 针的交叉完成。

左上 2 针与 1 针的交叉

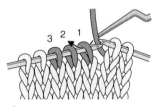

1 将右侧的 1 针移至麻花针上。

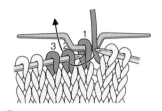

2 将移动的 1 针留在织片后备用。针目 2、3 分别编织下针。

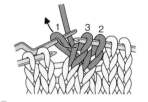

3 按照箭头的方向,将右棒针插入针目 1 中,编织下针。

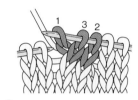

4 左上 2 针与 1 针的交叉完成。

右上 2 针与 1 针的交叉 (下侧为上针)

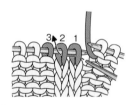

1 将右侧的 2 针移至麻花针上。

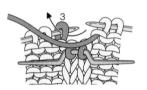

2 将移动的 2 针留在织片前备用。将右棒针插入针目 3 中,编织上针。

3 按照箭头的方向,将右棒针依次插入针目 1、2 中,编织下针。

4 右上 2 针与 1 针的交叉 (下侧为上针) 完成。

左上 2 针与 1 针的交叉 (下侧为上针)

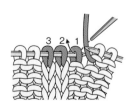

1 将右侧的 1 针移至麻花针上。

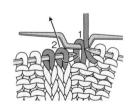

2 将移动的 1 针留在织片后备用。针目 2、3 分别编织下针。

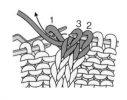

3 按照箭头的方向,将右棒针插入针目 1 中,编织上针。

4 左上 2 针与 1 针的交叉 (下侧为上针) 完成。

右上1针与2针的交叉

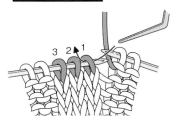 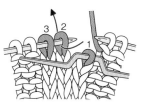  

1 将右侧的1针移至麻花针上。

2 将移动的1针留在织片前备用。针目2、3分别编织下针。

3 按照箭头的方向，将右棒针插入针目1中，编织下针。

4 右上1针与2针的交叉完成。

左上1针与2针的交叉

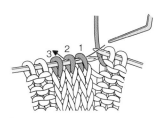 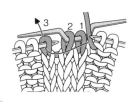  

1 将右侧的2针移至麻花针上。

2 将移动的2针留在织片后备用。将右棒针插入针目3中，编织下针。

3 按照箭头的方向，将右棒针依次插入针目1、2中，编织下针。

4 左上1针与2针的交叉完成。

右上2针交叉

 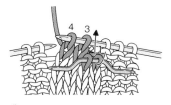 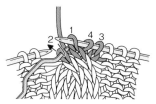 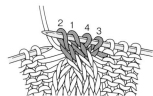

1 将右侧的2针移至麻花针上，留在织片前备用，针目3、4分别编织下针。

2 按照箭头的方向，将右棒针插入针目1中，编织下针。

3 用同样的方式将右棒针插入针目2中，编织下针。

4 右上2针交叉完成。

左上2针交叉

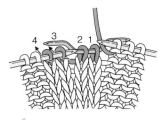 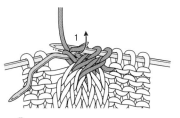 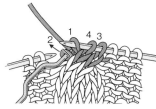 

1 将右侧的2针移至麻花针上，留在织片后备用，针目3、4分别编织下针。

2 按照箭头的方向，将右棒针插入针目1中，编织下针。

3 针目2也编织下针。

4 左上2针交叉完成。

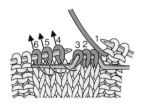 ## 右上 3 针交叉

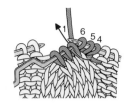 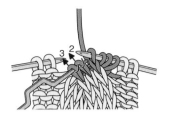 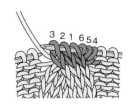

1 将右侧的 3 针移至麻花针上，留在织片前备用，针目 4、5、6 分别编织下针。

2 按照箭头的方向，将右棒针插入针目 1 中，编织下针。

3 针目 2、3 也分别编织下针。

4 右上 3 针交叉完成。

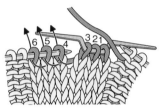 ## 左上 3 针交叉

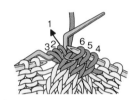 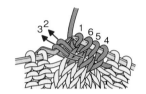 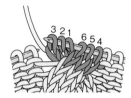

1 将右侧的 3 针移至麻花针上，留在织片后备用，针目 4、5、6 分别编织下针。

2 针目 1 编织下针。

3 针目 2、3 也分别编织下针。

4 左上 3 针交叉完成。

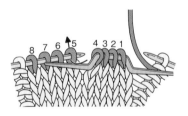 ## 右上 4 针交叉

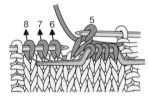 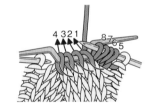 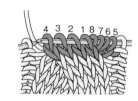

1 将右侧的 4 针移至麻花针上，留在织片前备用。将右棒针插入针目 5 中。

2 编织下针。针目 6、7、8 也分别编织下针。

3 针目 1、2、3、4 也分别编织下针。

4 右上 4 针交叉完成。

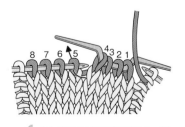 ## 左上 4 针交叉

 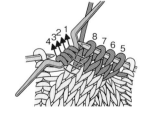 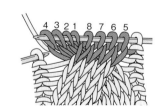

1 将右侧的 4 针移至麻花针上，留在织片后备用。将右棒针插入针目 5 中。

2 编织下针。针目 6、7、8 也分别编织下针。

3 针目 1、2、3、4 也分别编织下针。

4 左上 4 针交叉完成。

右上为扭针的 2 针交叉

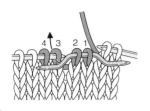

1 将右侧的 2 针移至麻花针上，留在织片前备用。将右棒针插入针目 3 中。

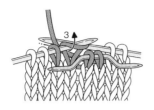

2 编织下针。

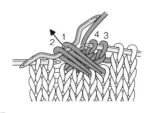

3 针目 4 也编织下针。按照箭头的方向，将右棒针插入针目 1 中。

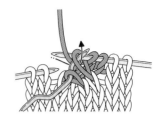

4 编织下针的扭针。

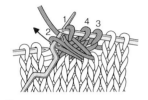

5 按照箭头的方向，将右棒针插入针目 2 中，编织下针的扭针。

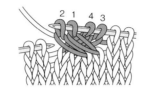

6 右上为扭针的 2 针交叉完成。

左上为扭针的 2 针交叉

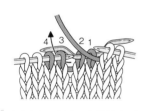

1 将右侧的 2 针移至麻花针上，留在织片后备用。按照箭头的方向，将右棒针插入针目 3 中。

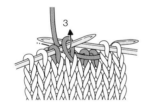

2 编织下针的扭针。

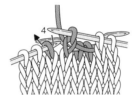

3 针目 4 也编织下针的扭针。

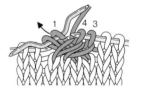

4 按照箭头的方向，将右棒针插入针目 1 中。

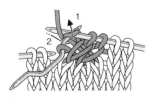

5 编织下针。针目 2 也编织下针。

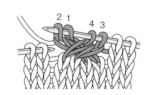

6 左上为扭针的 2 针交叉完成。

右上为扭针的 2 针交叉（上下侧均为扭针）

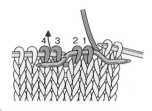

1 将右侧的2针移至麻花针上，留在织片前备用。按照箭头的方向，将右棒针插入针目3中。

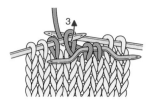

2 编织下针的扭针。

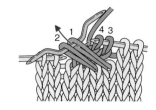

3 针目4也编织下针的扭针。按照箭头的方向，将右棒针插入针目1中。

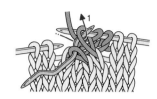

4 编织下针的扭针。

5 按照箭头的方向，将右棒针插入针目2中，编织下针的扭针。

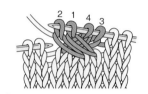

6 右上为扭针的2针交叉（上下侧均为扭针）完成。

左上为扭针的 2 针交叉（上下侧均为扭针）

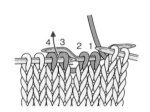

1 将右侧的2针移至麻花针上，留在织片后备用。将右棒针插入针目3中。

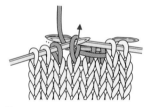

2 编织下针的扭针。

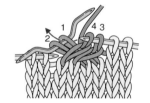

3 针目4也编织下针的扭针。按照箭头的方向，将右棒针插入针目1中。

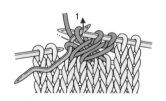

4 编织下针的扭针。

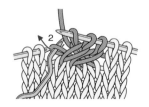

5 针目2也编织下针的扭针。

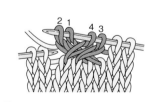

6 左上为扭针的2针交叉（上下侧均为扭针）完成。

右上 1 针交叉（中间织 2 针上针）

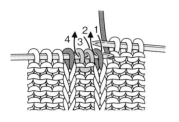

1 将针目1和针目2、3分别移至2根麻花针上。

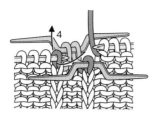

2 针目1留在织片前，针目2、3留在织片后备用。针目4编织下针。

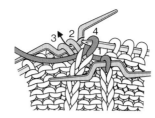

3 针目2编织上针。

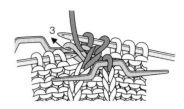

4 针目3也同样编织上针。

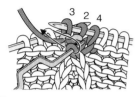

5 按照箭头的方向，将右棒针插入针目1中。

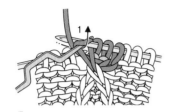

6 编织下针。

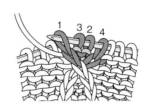

7 右上1针交叉（中间织2针上针）完成。

左上 1 针交叉（中间织 2 针上针）

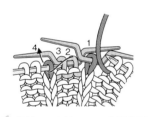

1 将针目1和针目2、3分别移至2根麻花针上，留在织片后备用。

2 将右棒针插入针目4中，编织下针。

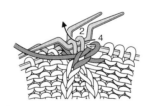

3 针目1经过针目2、3的前方向左移动，将右棒针插入针目2中。

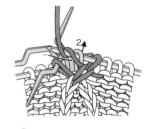

4 编织上针。

5 按照箭头的方向，将右棒针插入针目3中，编织上针。

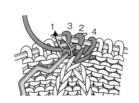

6 按照箭头的方向，将右棒针插入针目1中。

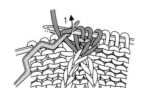

7 编织下针。

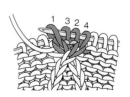

8 左上1针交叉（中间织2针上针）完成。

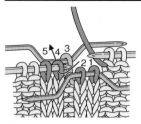 **右上 2 针交叉**（中间织 1 针上针）

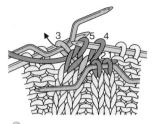

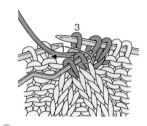

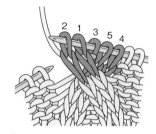

1 针目 1、2 留在织片前，针目 3 留在织片后备用。针目 4、5 分别编织下针。

2 按照箭头的方向，将右棒针插入针目 3 中，编织上针。

3 针目 1、2 分别编织下针。

4 右上 2 针交叉（中间织 1 针上针）完成。

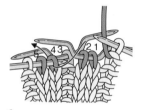 **左上 2 针交叉**（中间织 1 针上针）

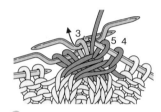

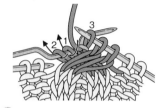

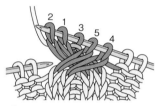

1 针目 1、2 和针目 3 分别移至 2 根麻花针上，留在织片后备用，针目 4、5 分别编织下针。

2 针目 1、2 经过针目 3 的前方向左移动，针目 3 编织上针。

3 针目 1、2 分别编织下针。

4 左上 2 针交叉（中间织 1 针上针）完成。

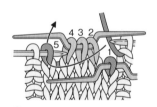 **右上 1 针交叉**（中间织 3 针下针）

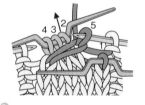

1 针目 1 留在织片前，针目 2、3、4 留在织片后备用。将右棒针插入针目 5 中。

2 编织下针。针目 2、3、4 分别编织下针。

3 按照箭头的方向，将右棒针插入针目 1 中，编织下针。

4 右上 1 针交叉（中间织 3 针下针）完成。

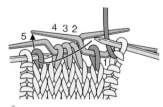 **左上 1 针交叉**（中间织 3 针下针）

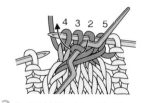

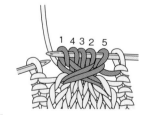

1 将针目 1 移至一根麻花针上，针目 2、3、4 移至另一根麻花针上，均留在织片后备用。针目 5 编织下针。

2 针目 1 放在针目 2、3、4 的前方，针目 2、3、4 分别编织下针。

3 将右棒针插入针目 1 中，编织下针。

4 左上 1 针交叉（中间织 3 针下针）完成。

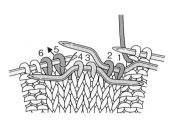 中上2针、左右2针交叉

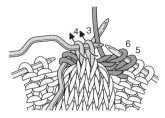 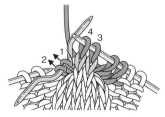 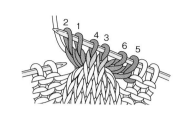

1 将针目1、2和针目3、4分别移至2根麻花针上，留在织片前备用，针目5、6分别编织下针。

2 针目1、2经过针目3、4的后方向左移动，针目3、4分别编织下针。

3 针目1、2也分别编织下针。

4 中上2针、左右2针交叉完成。

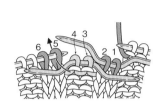 中上2针上针、左右2针交叉

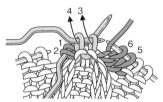 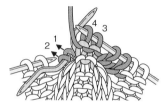 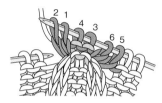

1 将针目1、2和针目3、4分别移至2根麻花针上，留在织片前备用，针目5、6分别编织下针。

2 在针目1、2的前方，针目3、4分别编织上针。

3 针目1、2分别编织下针。

4 中上2针上针、左右2针交叉完成。

针目的结构
编织花样会出现在下面一行？

仔细观察一下按照符号图编织出来的针目，在刚刚编织的针目的下方，可以看到呈现出来的符号图中的花样。编织时下面一行的针目会随之产生各种各样的移动，实际上编织的行和出现花样的行会错开1行。在不知道编织到哪一行的时候，想一想花样会出现在下面一行的原理。

● 袖窿弧线的编织方法

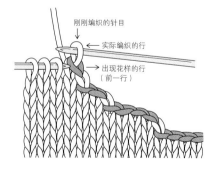

刚刚编织的针目
实际编织的行
出现花样的行
（前一行）

← 编织的行
→ 出现花样的行

挂在右棒针上的针目是刚刚编织的针目。在其下方，形成了右上2针并1针的花样。下面2行的伏针，也出现在了编织行的下面。

● 其他编织花样

右上2针交叉

← 编织行
→ 出现花样的行

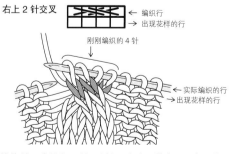

刚刚编织的4针
实际编织的行
出现花样的行

其他针目也是相同的。例如，右上2针交叉，实际编织的是4针下针，但在其下面的行出现了交叉花样。

例外 挂针及放针会在编织的行呈现出针目的增加。

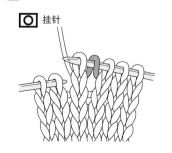

挂针

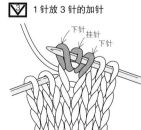

1针放3针的加针

下针
挂针
下针

换线的方法和藏线头的方法

● 在织片的两端换线的方法

这种方法编织出的作品十分漂亮。
剩余的线不够织完1行时,可在边上加入新线。

藏线头

将线交叉后,毛线缝针劈开
边上针目的线,藏线头。还
有不劈开边上针目的线,直
接穿过针目而藏线头的方法
(参见视频)。

在边上加入新线编织。

● 在织片的中间换线的方法

这是围巾等会将侧边直接使用的作品、环形编织的作品所使用的方法。线头要藏好,注意不要在正面露出来。

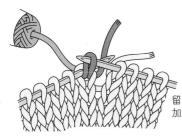

留出约10cm长的线头,
加入新线编织。

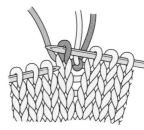

在反面将线头轻轻地打
一个结备用。

藏线头

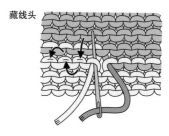

解开用线头打的结,右
侧的线穿入毛线缝针,
劈开左侧的针目的线藏
线头。

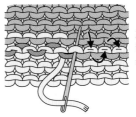

左侧的线穿入毛线缝针,
劈开右侧的针目的线藏线
头。

连接线头的方法(人字结)

比较光滑的线也能打出牢固的结。打好的结会容易扭动,请注意使用的位置。

1 将2根线交叉,B线在上。

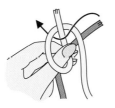

2 捏住交叉点,用A线做一个
环,将B线的线头穿入其中。

3 拉住右下的线,收紧。

4 编织时,要注意将打结的部分留
在织片反面。不要解开人字结,直
接在织片的反面藏线头。

● ● ●
Knitting Symbol Book

纵向编织的针目

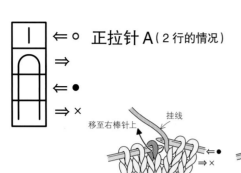

正拉针 A（2 行的情况）

1 在针上挂线，不编织，将针目直接移至右棒针上。

2 下一针编织完成后的样子。

3 下一行也在针上挂线，前一行的挂针和上针一起，不编织直接移至右棒针上。

4 下一针编织完成后的样子。

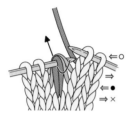
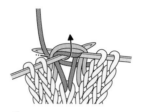

5 在下一行，将右棒针一次插入不编织直接移动的针目中。

6 编织下针。

7 正拉针 A（2 行的情况）完成。

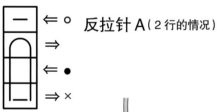

反拉针 A（2 行的情况）

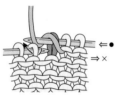
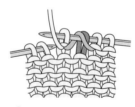
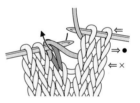
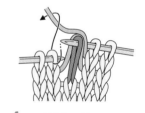

1 在针上挂线，不编织，将针目直接移至右棒针上，编织下一针。

2 下一针编织完成后的样子。

3 下一行也在针上挂线，前一行的挂针和下针一起，不编织直接移至右棒针上。

4 下一针编织下针。

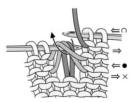
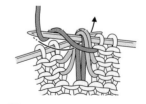
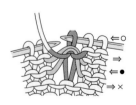

5 下一针编织完成后的样子。

6 在下一行，将右棒针一次插入不编织直接移动的针目中。

7 编织上针。

8 反拉针 A（2 行的情况）完成。

⇐ ○ **正拉针 B**（2 行的情况）拆开已编织针目的方法。
⇒
⇐
⇒ ×

拆开

1 将右棒针插入下面第3行的针目中。

2 挂线后拉出。

3 退下挂在左棒针上的针目，拆开至编织处。

4 正拉针 B（2 行的情况）完成。

⇒ ○
⇐
⇒ ×

⇐ ○ **反拉针 B**（2 行的情况）拆开已编织针目的方法。
⇒
⇐
⇒ ×

⇒ ○
⇒
⇐
⇒ ×

拆开

1 将线留在织片前备用，将右棒针从后方插入下面第3行的针目中。

2 挂线后拉出。

3 退下挂在左棒针上的针目，拆开至编织处。

4 反拉针 B（2 行的情况）完成。

⇐ ○
⇒
⇐
⇒ ×

⇐ △ **扭针的拉针**（2 行的情况）
⇒
⇐ ●
⇒ ×

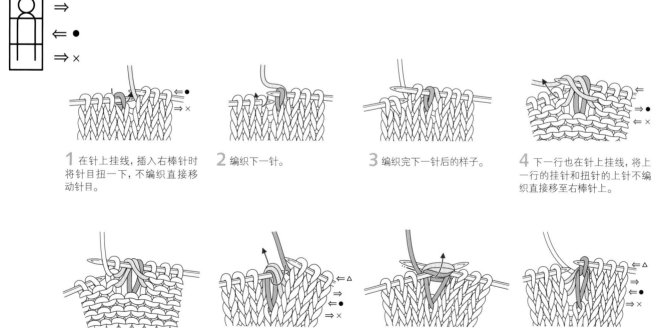

1 在针上挂线，插入右棒针时将针目扭一下，不编织直接移动针目。

⇐ ●
⇒ ×

2 编织下一针。

3 编织完下一针后的样子。

4 下一行也在针上挂线，将上一行的挂针和扭针的上针不编织直接移至右棒针上。

⇐ ○
⇒ ×

5 下一针编织完上针后的样子。

6 在下一行，一次挑起直接移动的扭针和挂针。

⇐ △
⇒
⇐ ●
⇒ ×

7 编织下针。

8 扭针的拉针（2 行的情况）完成。

⇐ △
⇒
⇐ ●
⇒ ×

滑针（1行的滑针）

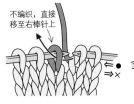 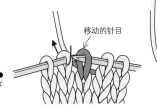 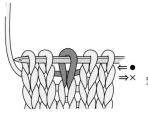 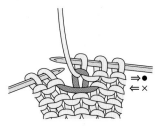

1 线留在织片后，针目不编织且不改变方向，直接移至右棒针上。

2 编织下一针。

3 滑针（1行的滑针）完成。

4 下一行按照符号图编织。

 滑针（2行的滑针）●行的编织方法与滑针（1行的滑针）相同。

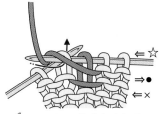 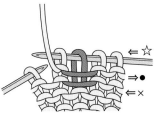

1 在上针行，将线留在织片前，针目不编织直接移至右棒针上。编织下一针。

2 滑针（2行的滑针）完成。

 上针的滑针（1行的滑针）

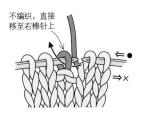 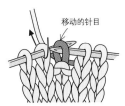 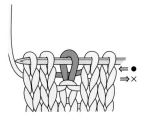 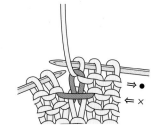

1 线留在织片后，针目不编织直接移至右棒针上。

2 编织下一针。

3 上针的滑针（1行的滑针）完成。

4 下一行按照符号图编织。

 上针的滑针（2行的滑针）●行的编织方法与上针的滑针（1行的滑针）相同。

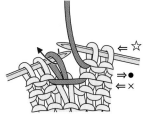 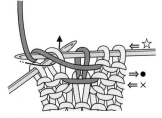

1 在下一行，将线留在织片前，针目不编织直接移至右棒针上。

2 编织下一针。上针的滑针（2行的滑针）完成。

← ●
⇒ ×

浮针（1行的浮针）

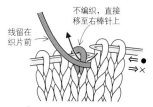

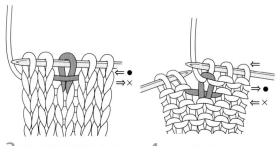

1 将线留在织片前，针目不编织直接移至右棒针上。

2 编织下一针。

3 浮针（1行的浮针）完成。

4 下一行按照符号图编织。

 ⇒ ☆
← ●
⇒ ×

浮针（2行的浮针）●行的编织方法与浮针（1行的浮针）相同。

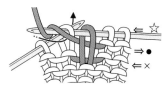

1 从反面编织的行，将线留在织片后，针目不编织直接移至右棒针上。

2 编织下一针。浮针（2行的浮针）完成。

 ← ●
⇒ ×

上针的浮针（1行的浮针）

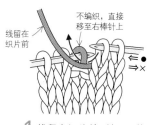

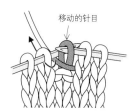

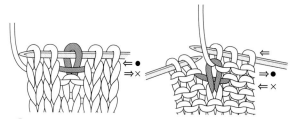

1 线留在织片前，针目不编织直接移至右棒针上。

2 编织下一针。

3 上针的浮针（1行的浮针）完成。

4 下一行按照符号图编织。

 ⇒ ☆
← ●
⇒ ×

上针的浮针（2行的浮针）●行的编织方法与上针的浮针（1行的浮针）相同。

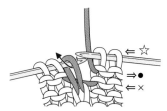

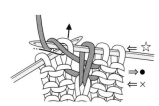

1 在反面编织的行，将线留在织片后，针目不编织直接移至右棒针上。

2 编织下一针。上针的浮针（2行的浮针）完成。

挑起上半弧的打褶编织

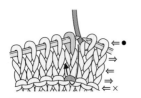 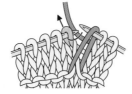  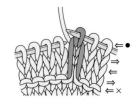

1 挑起的部分是上半弧（参见第4页）。按照箭头的方向插入右棒针。

2 挑起针目。左棒针上的1针编织下针。

3 用左棒针挑起步骤1中被挑起的针目，盖住编织的针目。

4 挑起上半弧的打褶编织完成。

挑起下半弧的打褶编织

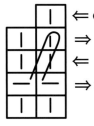 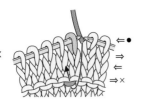 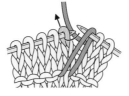  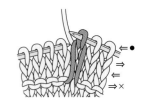

1 要挑起的部分是针目与针目之间的下半弧（参见第4页）。按照箭头的方向插入右棒针。

2 挑起针目。左棒针上的1针编织下针。

3 用左棒针挑起步骤1中被挑起的针目，盖住编织的针目。

4 挑起下半弧的打褶编织完成。

打褶编织（5行的情况，挑起上半弧）

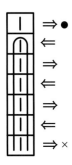 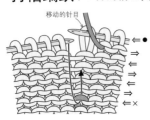 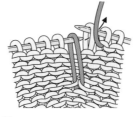 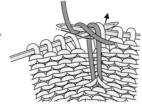 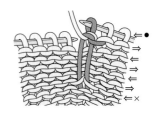

移动的针目

1 针目不编织直接移至右棒针上，用右棒针挑起下面第6行的上半弧（参见第4页）。

2 将直接移至右棒针上的针目移回左棒针上。

3 将右棒针插入移回的针目和挑起的针目中，编织上针。

4 打褶编织（5行的情况，挑起上半弧）完成。

打褶编织（5行的情况，挑起下半弧）

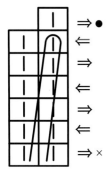 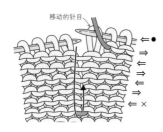

移动的针目

针目不编织直接移至右棒针上，用左棒针挑起下面第6行的下半弧（参见第4页），与直接移动的针目一起编织上针。

（参见挑起上半弧的打褶编织。）

拉出的针目（5行的情况）

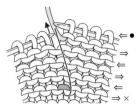

1 在●行操作。首先编织上针，将右棒针插入下面第5行的针目中。

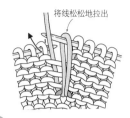

将线松松地拉出

2 挂线后，将线松松地拉出，编织下一针。变为了加1针的状态。

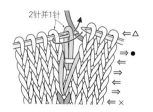

2针并1针

3 在△行，与拉出的针目一起编织2针并1针。按照箭头的方向将右棒针插入2针中，编织下针。

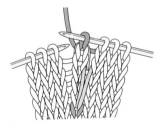

4 拉出的针目（5行的情况）完成（反面）。

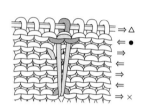

5 从正面看到的样子。

3针的拉出的针目

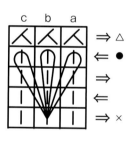

c b a

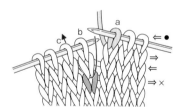

1 在●行操作。编织第1针a，第2针将右棒针插入下面第3行中。

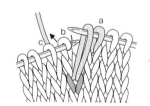

2 挂线后拉出。b、c也按照同样的方法编织。

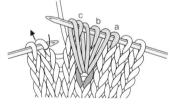

3 直接编织下一针。

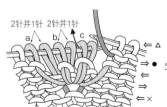

2针并1针 2针并1针

4 在△行，将右棒针插入c的2针中，编织2针并1针。

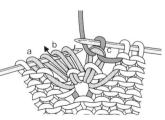

5 b的2针、a的2针也按照同样的方法编织2针并1针。

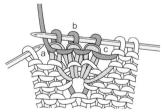

6 3针的拉出的针目完成（反面）。

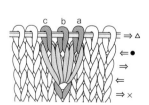

7 从正面看到的样子。

英式罗纹针（上针为拉针）

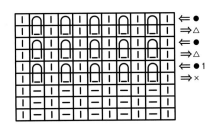

1 从●1行开始操作。边上编织下针，挂线，下一针上针不编织直接移至右棒针上。

2 下一针编织下针。

3 重复"上针不编织，挂线的同时移至右棒针上，编织下针"。

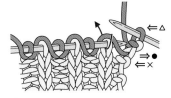

4 △行，边上编织上针，下一针与挂针一起编织下针。

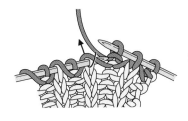

5 重复"编织上针，下针与挂针一起编织下针"。

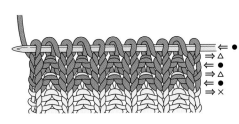

6 编织了5行英式罗纹针（上针为拉针）的样子。

英式罗纹针（下针为拉针）

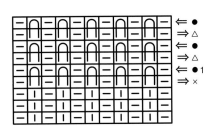

1 从●1行开始操作。边上编织上针，挂线，下一针下针不编织直接移至右棒针上。

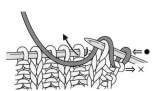

2 下一针编织上针。

3 重复"下针不编织，挂线的同时移至右棒针上，编织上针"。

4 △行，边上编织下针，第2针与挂针一起编织上针。

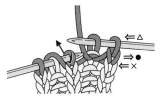

5 重复"编织下针，上针与挂针一起编织上针"。

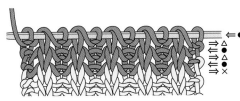

6 编织了5行英式罗纹针（下针为拉针）的样子。

英式罗纹针(双面拉针)

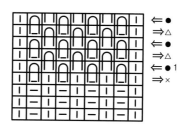

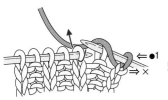

1 从●1行开始操作。边上编织下针,在针上挂线,上针不编织直接移至右棒针上。

2 下一针编织下针。

3 重复"上针不编织,挂线的同时移至右棒针上,下一针编织下针"。

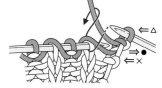

4 △行,边上编织上针,下一针与挂针一起编织下针。

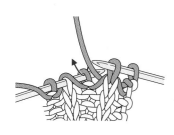

5 重复"上针不编织,挂线的同时移至右棒针上,下针与挂针一起编织下针"。

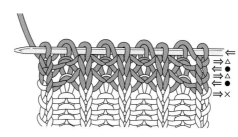

6 编织了5行英式罗纹针(双面拉针)的样子。

在织片上缝纽扣时……
要配合织片的厚度,才能缝得好看。

缝纽扣的方法

可以使用缝纽扣专用线(手缝线),或编织线的分股线。劈开针目的线缝纽扣。

1 使用2股线,将线头打结,从纽扣的反面入针,穿过线圈。

2 缝到织片上,根据织片的厚度,在纽扣下方留出适当的高度。

3 在纽扣下方的线上绕若干圈线。

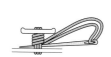

4 将针穿过纽扣下方的线的中间。

5 将针穿出至织片的反面,打结后藏好线头。

分股线的制作方法

由1根线拆分而成的一股一股的线,叫作分股线,用于上衣袖、缝纽扣等。
易断的线、装饰很多的线等,不适合拆分分股线。

1 剪取30~40cm的线,在中间的位置,反向拧松原来的劲儿。

2 线逐渐分开。

3 分成了两股。

4 重新给分股线拧劲儿,蒸汽熨烫定型。

7

Knitting Symbol Book

枣形针（小球球）

3针、2行的结编

1 在1针中依次编织出下针、挂针、下针，将这3针移至左棒针上。

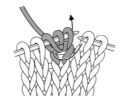

2 将右棒针从左侧一次插入3针中。

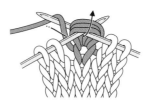

3 挂线后拉出。

4 3针、2行的结编完成。

 3针、3行的枣形针

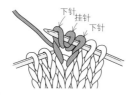

1 在1针中依次编织出下针、挂针、下针。

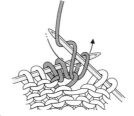

2 翻转织片，看着反面编织3针上针。

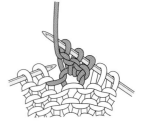

3 编织完3针上针后的样子。

4 翻转织片，按照箭头的方向将右棒针插入右侧的2针中并移动针目，第3针编织下针。

5 用左棒针挑起直接移动的2针，盖住第3针。

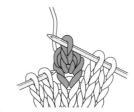

6 3针、3行的枣形针完成。

3针、5行的枣形针

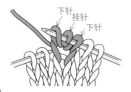

1 在1针中依次编织出下针、挂针、下针。

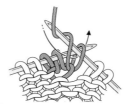

2 翻转织片，看着反面编织3针上针。

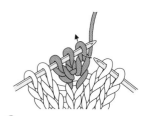

3 翻转织片，看着正面编织3针下针。再次翻转织片，编织3针上针。

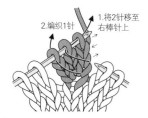

4 翻转织片，按照箭头的方向将右棒针插入右侧的2针中并移动针目，第3针编织下针。

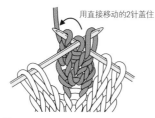

5 用左棒针挑起直接移动的2针，盖住第3针。

6 3针、5行的枣形针完成。

5针、2行的结编

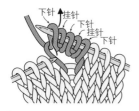

1 在1针中依次编织出下针、挂针、下针、挂针、下针，将这5针移至左棒针上。

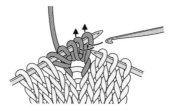

2 按照箭头的方向一针一针地移至钩针上。

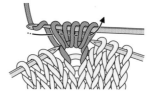

3 钩针挂线，从5针中拉出，移回右棒针上。

4 5针、2行的结编完成。

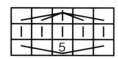 **5针、3行的枣形针**（中上5针并1针）

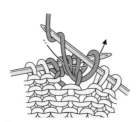

1 在1针中编织出5针（参见"5针、2行的结编"）。翻转织片，看着反面编织5针上针。

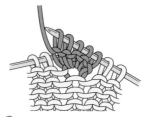

2 编织完5针上针后的样子。

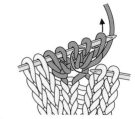

3 翻转织片，按照箭头的方向将右棒针插入右侧的3针中并移动针目。

4 将右棒针从接下来的2针的左侧插入，一起编织下针。

5 使用左棒针按顺序挑起右棒针上的3针，依次盖住步骤4中编织的下针。

6 5针、3行的枣形针（中上5针并1针）完成。

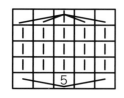 **5针、5行的枣形针**（中上5针并1针）

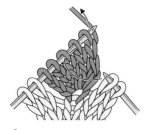

1 在1针中编织出5针，编织3行。翻转织片，按照箭头的方向将右棒针插入右侧的3针中并移动针目。

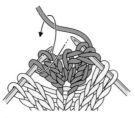

2 将右棒针一次插入第5针和第4针中，编织下针。

3 使用左棒针按顺序挑起右棒针上的3针，依次盖住2针并1针的下针。

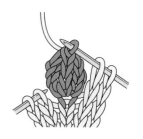

4 5针、5行的枣形针（中上5针并1针）完成。

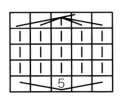 **5针、5行的枣形针**（左上5针并1针）

1 在1针中编织出5针，往返编织3行。看着反面，将5针移至钩针上。

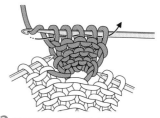

2 钩针挂线，从5针中拉出。

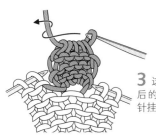

3 这是从5针中拉出后的样子。再一次钩针挂线。

4 引拔。

5 翻回正面，将钩针上的针目移回右棒针上，5针、5行的枣形针（左上5针并1针）完成。

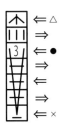 **下滑4行的枣形针**

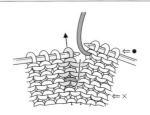

1 按照箭头的方向，将右棒针插入下面第4行的针目中。

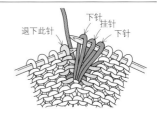

退下此针 挂针 下针 下针

2 挂线后拉出，再编织1针挂针和1针下针，退下左棒针上的1针。

退下的针目

3 将退下的针目向下拆开3行。

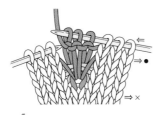

4 下一行，增加的这3针分别编织上针。

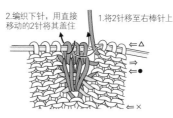

2.编织下针，用直接移动的2针将其盖住　1.将2针移至右棒针上

5 在△行，编织中上3针并1针。

6 下滑4行的枣形针完成。

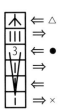 **下滑3行的枣形针**

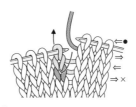

1 按照箭头的方向，将右棒针插入下面第3行的针目中。

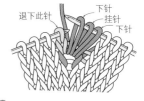

退下此针 下针 挂针 下针

2 在同一针目中编织下针、挂针、下针，退下左棒针上的1针。

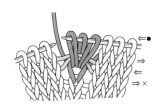

3 将退下的针目向下拆开2行。

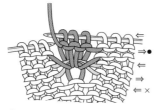

4 下一行，增加的这3针分别编织上针。

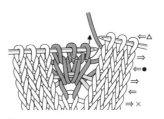

5 下一行，编织中上3针并1针。

6 下滑3行的枣形针完成。

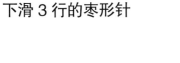

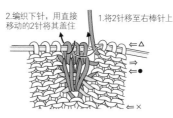

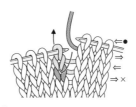

51

3 针中长针的枣形针

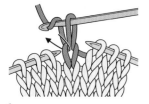

1 从前方插入钩针，挂线后将线拉出至枣形针的高度。再一次钩针挂线，在同一针目中插入钩针。

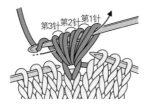

2 钩织3针未完成的中长针，钩针挂线，从所有的针目中一次引拔。

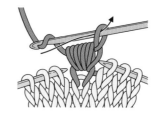

3 再次钩针挂线、引拔，收紧针目。

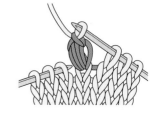

4 注意针目的朝向，将钩针上的针目移回右棒针上。3针中长针的枣形针完成。

 ### 3 针中长针的枣形针（2 针立起的锁针）

1 从前方插入钩针，将线拉出。

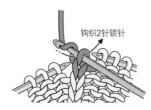

2 钩织2针立起的锁针。

3 钩针挂线，将钩针插入最下面的针目中。

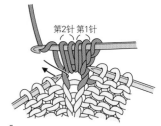

4 钩织3针未完成的中长针。

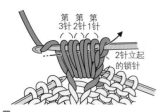

5 钩针挂线，从所有的针目中一次引拔。

6 再次钩针挂线、引拔，收紧针目。

7 3针中长针的枣形针（2针立起的锁针）完成。

8 注意针目的朝向，将钩针上的针目移回右棒针上。

---

4 针锁针的枣形针

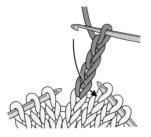

1 从前方插入钩针，钩织4针锁针。按照箭头的方向，将钩针插入最下面的编织针目中。

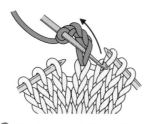

2 按照箭头的方向旋转并钩织，使锁针向前倒。

3 钩针挂线后引拔。

4 注意针目的朝向，将钩针上的针目移回右棒针上。4针锁针的枣形针完成。

2 针长针的枣形针

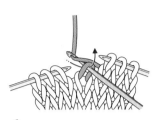

1 钩针从前方插入，挂线后拉出，钩织 3 针立起的锁针。

2 钩针挂线，将钩针插入最下面的编织针目中。

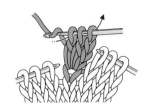

3 钩织 2 针未完成的长针。再次钩针挂线，从所有的针目中一次引拔。

4 注意针目的朝向，将钩针上的针目移回右棒针上。2 针长针的枣形针完成。

 3 针长针的枣形针

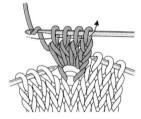

1 与 2 针长针的枣形针的要领相同。钩织 3 针未完成的长针，从所有的针目中一次引拔。

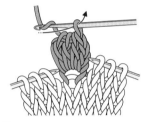

2 再次钩针挂线、引拔，收紧针目。

3 注意针目的朝向，将钩针上的针目移回右棒针上。3 针长针的枣形针完成。

[4b] 锥形针（4 针的情况）

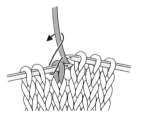

1 将右棒针插入针目（此针目称为基础针）的左侧，挂线后拉出。

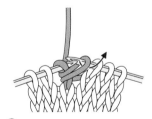

2 将左棒针插入拉出的针目中。

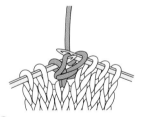

3 从拉出的针目中将线拉出。这是拉出后的样子（锁针）。

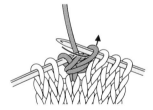

4 再重复 2 次，将线从针目中拉出。

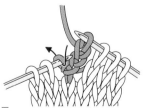

5 按照箭头的方向，将右棒针插入基础针中，编织下针。

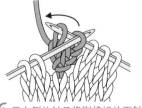

6 用右侧的针目将刚编织的下针盖住。

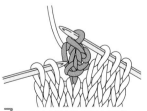

7 锥形针（4 针的情况）完成。

Knitting Symbol Book

针目的变化

左上2针并1针再1针放2针加针（A）

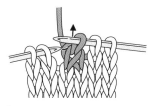 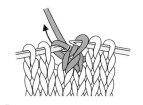 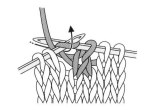 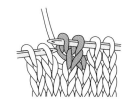

1 编织左上2针并1针（参见第11页）。如图所示，将左棒针插入重叠在下侧的针目中。

2 向左拉出。将右棒针插入拉出的针目中。

3 编织下针。

4 左上2针并1针再1针放2针加针（A）完成。针数没有变化。

 左上2针并1针再1针放2针加针（B）

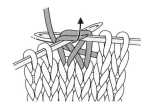 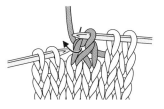 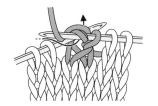 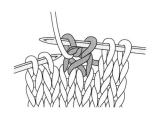

1 编织左上2针并1针。

2 将右棒针从后方插入重叠着的2针中，挑起后将针目移至左棒针上。

3 编织上针。

4 左上2针并1针再1针放2针加针（B）完成。针数没有变化。

 左上3针并1针再1针放3针加针

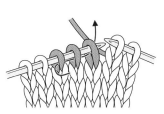 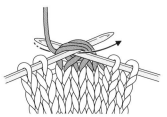  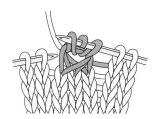

1 按照箭头的方向，将右棒针从3针的左侧插入。

2 挂线后，按照箭头的方向拉出，编织下针。

3 保持针目在左棒针上的状态，在同一针目中编织挂针、下针。

4 左上3针并1针再1针放3针加针完成。针数没有变化。

⊂⃗│○│⌐ 穿过右针的盖针（3针）

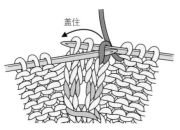
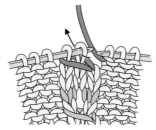
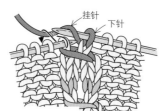
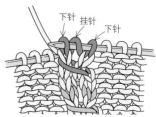

1 3针不编织直接移至右棒针上（改变第1针的方向）。用左棒针挑起第1针，盖住左侧的2针。

2 将2针移回左棒针上，第1针编织下针。

3 接下来编织挂针，第2针编织下针。

4 穿过右针的盖针（3针）完成。

└│○│⊃⃗ 穿过左针的盖针（3针）

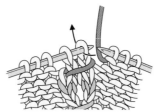
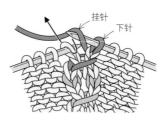
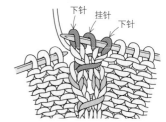

1 用右棒针挑起第3针，按照箭头的方向盖住右侧的2针。

2 第1针编织下针。

3 接下来编织挂针，第2针编织下针。

4 穿过左针的盖针（3针）完成。

⊂⃗│3│ │⌐ 3卷结编

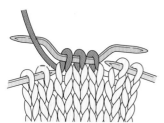
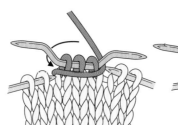
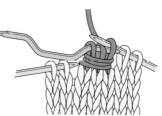
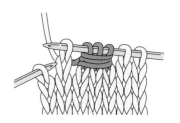

1 编织3针，移至麻花针上。

2 按照箭头的方向围着麻花针上的3针绕3圈线。

3 将麻花针上的针目移至右棒针上。

4 3卷结编完成。

向右拉的盖针（3针）

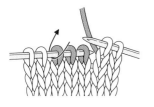

1 按照箭头的方向将右棒针插入第3针与第4针之间，挂线后拉出。

2 改变拉出的针目的朝向，与第1针一起编织下针。

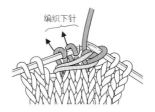

编织下针

3 接下来的2针分别编织下针。

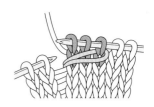

4 向右拉的盖针（3针）完成。

向左拉的盖针（3针）

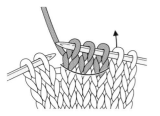

1 3针编织下针，按照箭头的方向将左棒针插入第1针及其右侧针目之间。

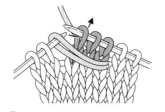

2 挂线后拉出，将第3针移至左棒针上。

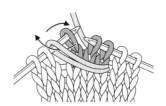

3 按照箭头的方向，用右棒针挑起拉出的针目，盖住第3针。

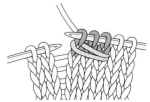

4 将第3针移回右棒针上，向左拉的盖针（3针）完成。

穿过右挂针的盖针（2针）

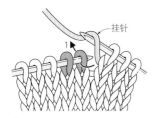

挂针

1 在右棒针上挂线，第1针编织下针。

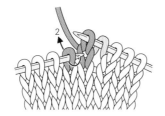

2 第2针也编织下针。

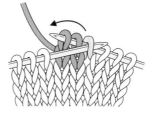

3 用左棒针挑起右侧的挂针，盖住刚编织的2针下针。

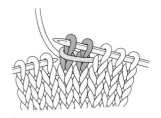

4 穿过右挂针的盖针（2针）完成。

穿过左挂针的盖针（2针）

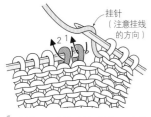

挂针
（注意挂线的方向）

1 在从反面编织的行操作。在右棒针上挂线，下2针分别编织上针。

2 用左棒针挑起挂针，按照箭头的方向盖住2针上针。

3 穿过左挂针的盖针（2针）完成。

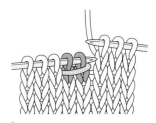

4 从正面看到的样子。

8
针目的变化

⇒ 向左拉的盖针（2行）⇐

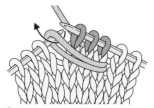

1 使用与向左拉的盖针（参见第57页）同样的方法将针目拉出，移至右棒针上，之后继续编织。

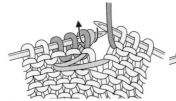

2 下一行，右棒针按照箭头的方向插入拉出的针目与第1针中，2针一起编织上针。

3 接下来的2针编织上针。

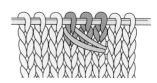

4 向左拉的盖针（2行）完成，这是从正面看到的样子。拉出的针目向左上倾斜。

⇒ 向右拉的盖针（2行）⇐

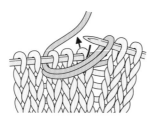

1 使用与向右拉的盖针（参见第57页）同样的方法将针目拉出，3针分别编织下针。

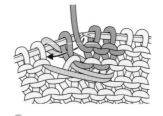

2 下一行，前2针编织上针。将右棒针按照箭头的方向插入第3针中，直接移动针目。

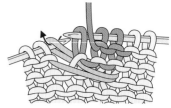

3 再将右棒针按照箭头的方向插入拉出的针目中，直接移动针目。

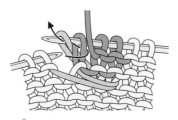

4 将左棒针按照箭头的方向插入2针中，把针目移至左棒针上（交换针目的位置）。

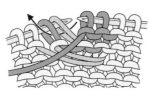

5 将右棒针按照箭头的方向插入移动的2针中，编织上针。

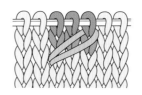

6 向右拉的盖针（2行）完成，这是从正面看到的样子。拉出的针目向右上倾斜。

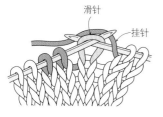 ← 穿过右滑针的盖针（3针）

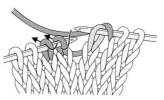

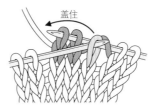

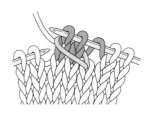

1 右棒针上挂线，第1针不编织，直接移至右棒针上（滑针）。

2 接下来的第2、3针分别编织下针。

3 用左棒针挑起第1针（滑针），盖住编织的2针下针。

4 穿过右滑针的盖针（3针）完成。

 ← 穿过左滑针的盖针（3针）

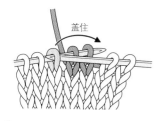

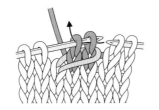

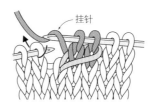

1 右侧的2针分别编织下针，然后移至左棒针上。用右棒针挑起第3针，盖住编织的2针下针。

2 将2针下针移回右棒针上。

3 编织挂针，接下来按照符号图编织下一针。

4 这是编织完下一行后的样子。穿过左滑针的盖针（3针）完成。

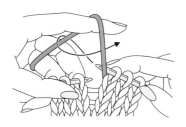 卷针（加针）

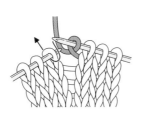

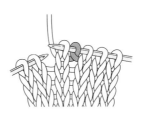

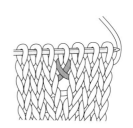

1 按照箭头的方向移动右棒针，将线绕到右棒针上。

2 编织下一针。

3 这是编织完下一针后的样子。

4 这是编织完下一行后的样子。

8
针目的变化

绕线编（绕2圈）

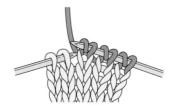

1 将右棒针插入针目中，绕2圈线后拉出。

2 拉出后的样子。

3 下一行，按照符号图编织，然后将针目从左棒针上退下。

4 绕线编（绕2圈）完成。

绕线编（绕3圈）

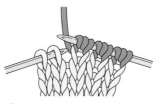
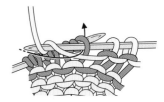

1 将右棒针插入针目中，绕3圈线后拉出。

2 拉出后的样子。

3 下一行，将右棒针插入绕了线的针目中。

4 按照符号图编织，然后将针目从左棒针上退下。

5 绕线编（绕3圈）完成。

圈圈编织

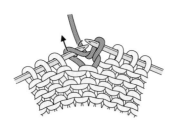
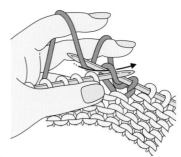
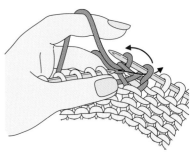

1 编织1针下针。针目暂不从左棒针上退下，按照箭头的方向插入右棒针。

2 在左手中指上由后向前挂线，再在右棒针上挂线后，按照箭头的方向拉出。

3 将针目从左棒针上退下，按照箭头的方向用左棒针挑起第1针，盖住第2针。

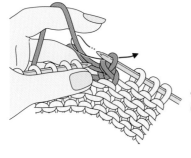
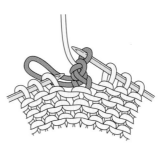

4 使用右棒针再次将线拉出。

5 圈圈编织完成。

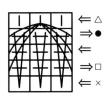 **在 3 针、3 行的浮针中心做拉针**

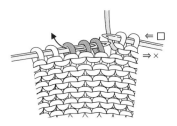

1 从□行（反面行）编织最初的浮针。将线留在织片后，3 针不编织直接移至右棒针上。

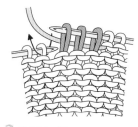

2 编织下一针。

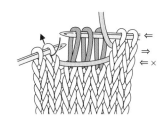

3 正面行，将线留在织片前，3 针编织浮针。编织下一针。

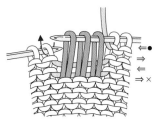

4 接下来反面行，3 针仍编织浮针。

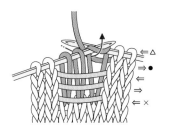

5 在△行，第 1 针编织下针。

6 按照箭头的方向，用右棒针挑起浮针的 3 根横向渡线，与第 2 针一起编织下针。

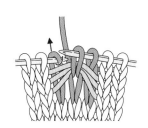

7 第 3 针编织下针。

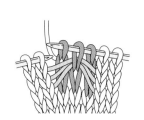

8 在 3 针、3 行的浮针中心做拉针完成。

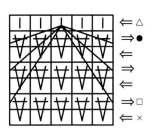 **在 5 针、每 2 行、共 3 次的浮针中心做拉针**

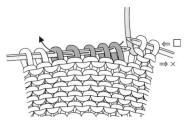

1 在□行，将线留在织片后，5 针不编织，直接移至右棒针上（上针的浮针）。

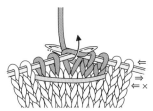

2 下针行，5 针均编织下针。重复步骤 1、2。

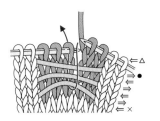

3 在△行，第 3 次的下针行，编织 2 针下针，用右棒针挑起浮针的 3 根横向渡线，与第 3 针一起编织下针。

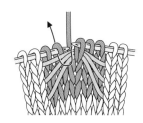

4 剩余的 2 针也编织下针。

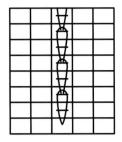

引拔针

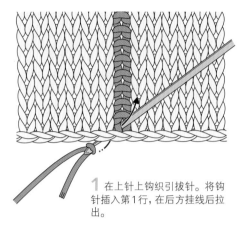

1 在上针上钩织引拔针。将钩针插入第1行，在后方挂线后拉出。

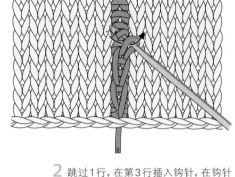

2 跳过1行，在第3行插入钩针，在钩针上挂线后拉出。重复。（有时也会在每一行上钩织引拔针。）

下针编织刺绣

● **纵向刺绣**

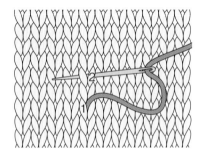

1 将毛线缝针从反面向正面穿出，拉线。在上面第2行的针目上由右侧入针，从左侧出针，拉线。

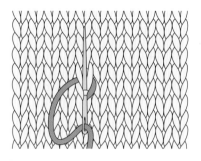

2 在最初出针的位置入针，挑取1根线，出针。

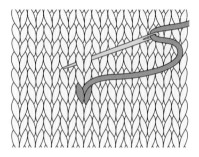

3 重复"在上面第2行的针目上由右侧入针，从左侧出针，拉线，返回最初出针的位置"。

● **横向刺绣**

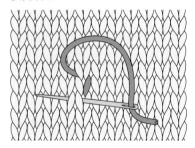

1 与纵向刺绣开始的方法相同。然后毛线缝针在最初出针的位置入针，在其相邻针目的中心出针，拉线。

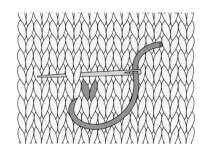

2 在上面第2行的针目上由右侧入针，从左侧出针，拉线。重复步骤1、2。

● **斜向刺绣**

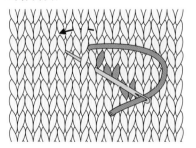

与纵向刺绣开始的方法相同。然后毛线缝针在最初出针的位置入针，在斜上方1行、1针的针目处出针。随后挑取上面第2行的针目，拉线。按照斜方向继续刺绣。

Knitting Symbol Book

条纹花样和配色花样

横向条纹花样

● **窄条纹** 编织窄条纹时，不要将线剪断，编织时向上渡线即可。

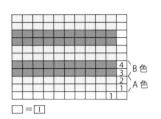

□ = 曰

第3行（从正面编织的行）

1 使用A色线编织2行，换为B色线。

2 使用B色线编织。

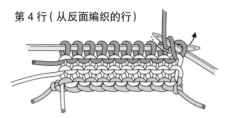

第4行（从反面编织的行）

3 翻转织片，编织上针。

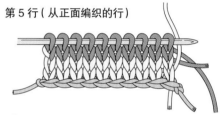

第5行（从正面编织的行）

4 拿起休线A色线（接下来编织的线总是在上）。

5 使用A色线编织下针。

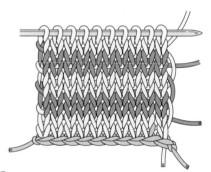

6 每隔2行交替拿起A色线和B色线，一边换线一边继续编织。

● **宽条纹** 编织10行左右的宽条纹，每次换线时都要将线剪断。

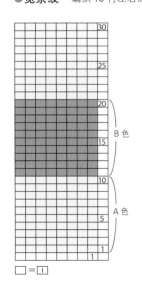

□ = 曰

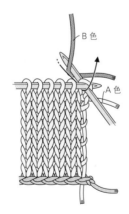

1 刚刚编织的线留出大约8cm后剪断，换成B色线。

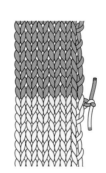

2 编织2针或3针后，在边上将2根线轻轻地打结，继续编织。

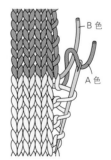

3 编织完成后，解开打的结，在织片的边上，两线交叉一下，A色线向下穿行6行左右，藏好线头后剪断。

4 B色线向上藏线头。

64

纵向条纹花样

●**纵向渡线的条纹** 完成后的织片较薄，也适合使用粗线编织，需要准备与条纹数量相当的线团。

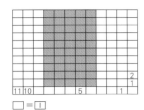

□ = □

（正面）

（反面）

从正面编织的行

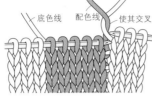

底色线　配色线　使其交叉

1 使用底色线编织至条纹的交界处，将配色线与底色线交叉。

2 使用配色线编织。

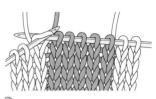

3 配色线编织完成后，将底色线与配色线交叉，使用底色线编织。

从反面编织的行

4 使用底色线编织至条纹的交界处，将配色线与底色线交叉。

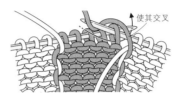

使其交叉

5 使用配色线编织。

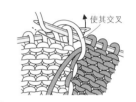

使其交叉

6 配色线编织完成后，将底色线与配色线交叉。

●**横向渡底色线的条纹** 编织时底色线横向渡线、配色线纵向渡线。只使用1团底色线。

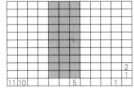

□ = □

（正面）

（反面）

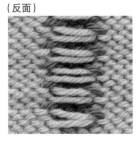

从正面编织的行

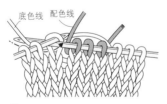

底色线　配色线

1 由底色线换为配色线编织，底色线横向渡线，编织1针。

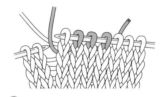

2 将配色线与底色线交叉后向上渡线，使用底色线继续编织。

3 使用底色线编织至换线的交界处，换为配色线直接编织3针。

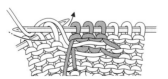

4 底色线从配色线的下方渡过，编织1针。

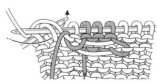

5 将配色线与底色线交叉后向上渡线，使用底色线继续编织。

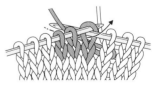

6 无论是正面还是反面，由底色线换为配色线时，直接继续编织，由配色线换为底色线时，使用底色线编织1针后，与配色线交叉。

横向渡线的配色花样

一边横向交换底色线与配色线一边编织。反面不编织的线横向渡过。适于编织细小的花样和横向连续的花样。

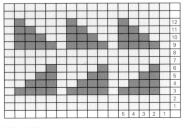

□ = □

（正面）

（反面）

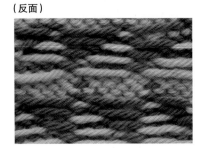

第3行（从正面编织的行）

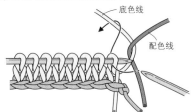

底色线
配色线

1 用底色线夹着配色线，编织第1针下针。

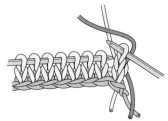

2 配色线在底色线的上方，使用配色线编织4针。

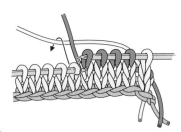

3 底色线经过配色线的下方，编织1针。

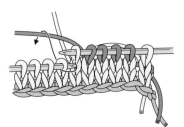

4 接下来配色线经过底色线的上方，编织。换线时，总是底色线在下、配色线在上。

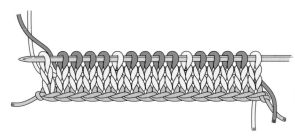

5 重复步骤3、4，编织到边上为止。这是第3行的编织终点。

第4行（从反面编织的行）

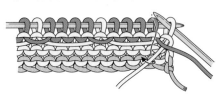

6 第1针使用底色线编织，但要将配色线放在底色线的上方备用。

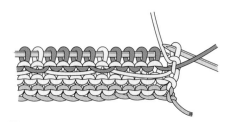

7 第1针编织上针。第2针也使用底色线编织上针。

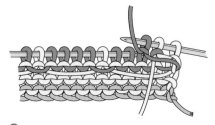

8 接下来配色线经过底色线的上方，编织上针。

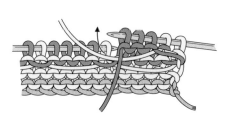

9 编织3针后，底色线经过配色线的下方，编织2针。按照同样的方法继续编织。

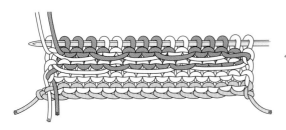

10 这是第4行的编织终点。

第5行(从正面编织的行)

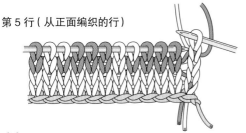

11 第1针使用底色线编织时,要夹着配色线。

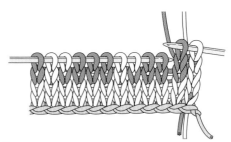

12 配色线经过底色线的上方,编织下针。

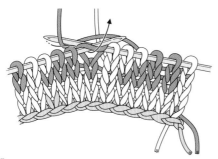

13 底色线在下,配色线从其上方渡过,与第3行使用同样的方法,按照符号图编织。

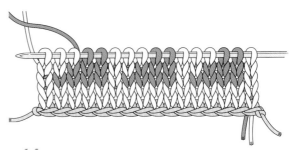

14 这是第5行的编织终点(配色线放在底色线的上方,继续编织第6行)。

第6行(从反面编织的行)

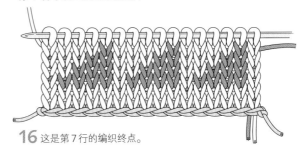

15 使用底色线编织4针,使用配色线编织1针。重复"底色线4针、配色线1针"。

第7行(从正面编织的行)

16 这是第7行的编织终点。

反面的渡线过长时的编织方法

渡线过长时,在编织下一行时要夹着渡线编织。如果渡线的长度是刚刚好的话,整个织片就会变紧,所以要留出一些余量。

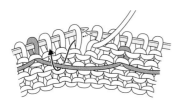

1 在从反面编织的行,将右棒针插入针目中,按照箭头的方向挑起渡线。

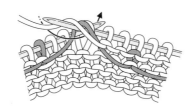

2 直接一起编织上针。

3 这是渡线被夹住的样子。继续编织。

纵向渡线的配色花样

适于编织纵向连续的花样或大型花样时使用。编织时纵向渡线，需要准备与颜色数量相当的线团。
在这里为了让大家看清楚线的走势，使用3种颜色进行示范。

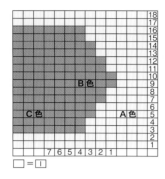

（正面）

（反面）

第3行（从正面编织的行）

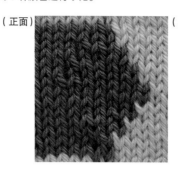

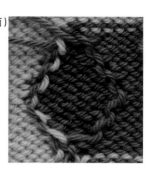

1 换线，在B色线的位置编织。A色线休线备用。

2 接下来换为C色线。

3 使用C色线编织至最后。

第4行（从反面编织的行）

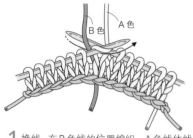

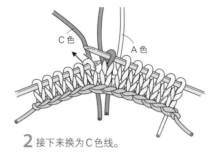

4 翻转织片，编织至B色线的位置。使用C色线的线头与B色线交叉一下。

5 编织过来的C色线也与B色线交叉，使用B色线编织。

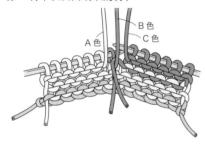

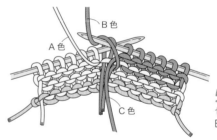

6 A色线同样从下方渡过，从而与B色线的线头、编织过来的线交叉，继续编织。

7 使用A色线编织至最后。

第5行（从正面编织的行）

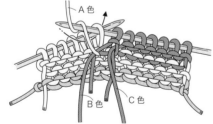

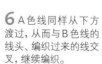

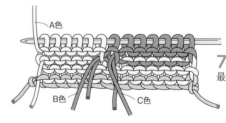

8 花样交界处，B色线从下方渡过，从而与A色线交叉，继续编织。

9 花样交界处，C色线从下方渡过，从而与B色线交叉，继续编织。

10 这是第5行的编织终点。

第 6 行（从反面编织的行）

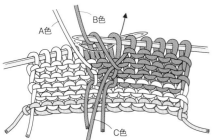
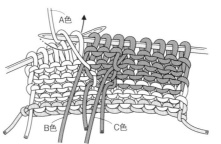
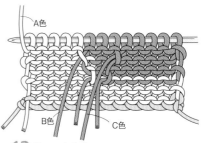

11 花样交界处，从下方渡 B 色线，从而与 C 色线交叉，继续编织。

12 接下来换为 A 色线。从下方渡 A 色线，从而与 B 色线交叉，继续编织。

13 使用 A 色线编织至最后。

第 9 行（从正面编织的行）

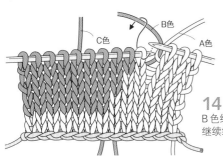
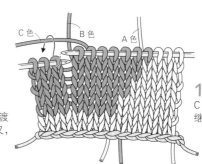

14 花样交界处，从下方渡 B 色线，从而与 A 色线交叉，继续编织。

15 花样交界处，从下方渡 C 色线，从而与 B 色线交叉，继续编织。

第 10 行（从反面编织的行）

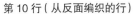
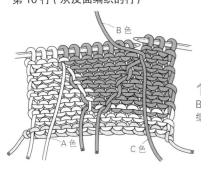

第 14 行（从反面编织的行）

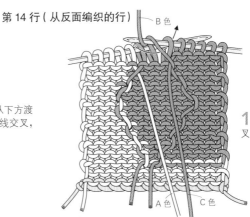

16 花样交界处，从下方渡 B 色线，从而与 C 色线交叉，继续编织。

17 每次都是渡线、交叉后，继续编织。

第 16 行（从反面编织的行）

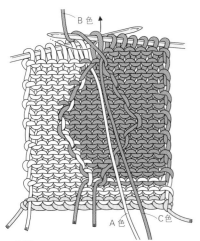

第 17 行（从正面编织的行）

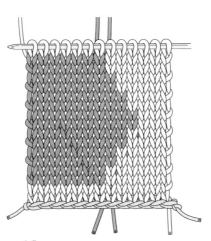

藏线头

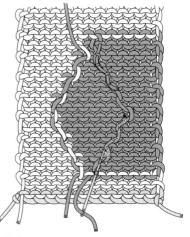

18 按照同样的方法换线、编织。

19 这是第 17 行的编织终点。

20 在换线时形成的渡线中，使用毛线缝针劈开针目的线藏线头。

包裹着渡线编织的配色花样

像科维昌（加拿大温哥华的原住民部落）式厚毛衣一样的，全面铺开的大型图案的配色花样，最适合使用这种方法。
编织时经常要将底色线与配色线交叉，会编织出厚实、结实的织片。

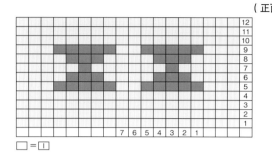

□ = ｜

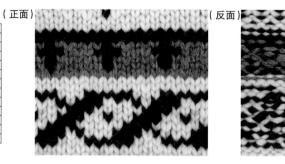

（正面）

（反面）

※ 为了说明顺序，图片中的花样与照片中的不同。

从正面编织的行

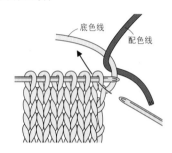

1 编织起点，用底色线夹着配色线编织。

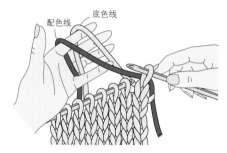

2 底色线（编织线）在后，配色线在前，2根线分别挂在左手上。

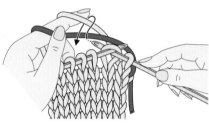

3 底色线经过配色线的上方挂线编织。用拇指捏着配色线编织的话，将更方便。

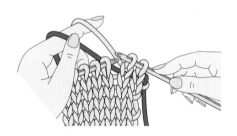

4 编织后的样子。

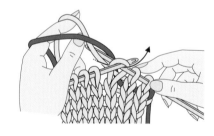

5 下一针，底色线经过配色线的下方挂线编织。

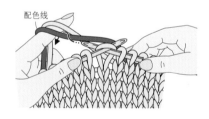

6 重复步骤3~5，使用底色线编织至使用配色线的位置，然后使用配色线编织1针。

7 这是配色线的第2针。用左手的拇指将底色线向前拉并捏住，配色线在其上方挂线编织。

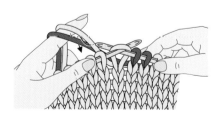

8 将底色线还原至原位，接下来配色线在底色线的下方挂线编织。

从反面编织的行

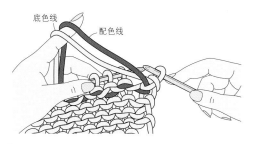

底色线
配色线

1 第1针，用底色线夹着配色线编织。底色线（编织线）在前，配色线在后，2根线分别挂在左手上。

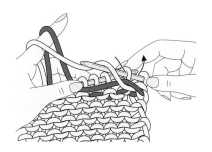

2 第2针，用底色线托着配色线编织。

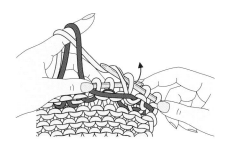

3 底色线不托着配色线编织。

4 编织后的样子。底色线交替地在配色线的上、下编织。

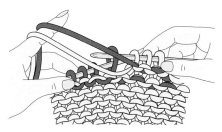

5 配色线的第1针，直接用配色线挂线编织。

6 接下来用配色线托着底色线编织。

7 配色线不托着底色线编织。

8 编织后的样子。经常交换底色线与配色线的位置，互相包裹着编织。

所需长度 ×2+打结的部分+用于修剪整齐的余量，准备出以上长度的所需根数的线

流苏的连接方法

1 将钩针从织片的反面插入，将理齐了的线束的中央拉出。

2 将线束挂在钩针上，穿过步骤1所拉出的圆环。

3 完成后，将所有的线束剪齐。

BOUBARI AMI NO AMIMEKIGOU（NV70347）

Copyright © NIHON VOGUE-SHA 2016 All rights reserved.

Photographers: NORIAKI MORIYA,MAMI NAKABAYASHI(DVD).

Original Japanese edition published in Japan by NIHON VOGUE CO., LTD.,

Simplified Chinese translation rights arranged with BEIJING BAOKU INTERNATIONAL

CULTURAL DEVELOPMENT Co., Ltd.

备案号：豫著许可备字–2017–A–0153

图书在版编目（CIP）数据

一看即懂的棒针编织符号/日本宝库社编著；冯莹译.—郑州：河南
科学技术出版社，2017.9（2021.11重印）

ISBN 978–7–5349–8965–0

Ⅰ.①一··· Ⅱ.①日··· ②冯··· Ⅲ.①毛衣针—绒线—编织—图解
Ⅳ.①TS935.522–64

中国版本图书馆CIP数据核字（2017）第207369号

出版发行：河南科学技术出版社

　　　　地址：郑州市郑东新区祥盛街27号　　　邮编：450016

　　　　电话：（0371）65737028　　　65788613

　　　　网址：www.hnstp.cn

策划编辑：刘　欣

责任编辑：梁　娟

责任校对：王晓红

封面设计：张　伟

责任印制：张艳芳

印　　刷：河南博雅彩印有限公司

经　　销：全国新华书店

幅面尺寸：213 mm×285 mm　　印张：4.5　　字数：140千字

版　　次：2017年9月第1版　　　2021年11月第2次印刷

定　　价：39.00元